건축가를 위한 도면표현기법

Drawing for Architects: How to Explore Concepts,
Define Elements, and Create Effective Built Design through Illustration by Julia McMorrough
copyright © 2015 by Julia McMorrough
All rights reserved

Korean translation edition © 2020 by CIR Co., Ltd.
Published by arrangement with Rockport, a part of Quarto Publishing Group USA, Inc.,
Through Bestun Korea Agency, Seoul, Korea.
All rights reserved.

이 책의 한국어 판권은 베스툰 코리아 에이전시를 통하여 저작권자인 Quarto Publishing Plc와 독점 계약한 도서출판 씨아이알에 있습니다.
저작권법에 의해 한국 내에서 보호를 받는 저작물이므로 어떠한 형태로든 무단 전재와 무단 복제를 금합니다.

줄리아 맥모로우(Julia McMorrough) 지음
김진호 옮김

건축가를 위한 도면표현기법

일러스트레이션을 통해 개념을 탐구하고, 요소를 정의하며, 효과적인 건축설계를 창조하는 기법

씨아이알

헌사
나의 부모님 그레이스, 프레드릭 홈즈에게
이 책을 바칩니다.

목차 contents

- 6 **머리말**
  도면의 건축, 로버트 소몰

- 8 **서문**
  도면에 주목하다

- 10 **01**
  투영법의 유형
- 12 역사로부터 살펴본 도면의 역사
- 18 가이드
- 20   평면
- 30   단면
- 36   입면
- 46   엑소노메트릭
- 58   빗각 투영
- 68   투시도

- 94 **02**
  표준 형식
- 96 건축가의 언어
- 98 도면 만들기 읽기
- 124 도면과 디지털 생산

- 130 **03**
  그래픽 표본
- 132 도면에서 디자인으로
- 182   기여자 명단
- 183   이미지 크레딧

- 184 참고문헌
- 186 감사의 말
- 187 역자 후기
- 188 찾아보기

머리말

건축가를 건축가로 만드는 것은 무엇일까? 이는 종종 다음과 같이 반복되는 일화로 쉽게 설명할 수 있을 것이다. 길거리에서 피를 흘리며 죽어가는 사람의 팔다리를 지혈대로 조이는 데 사용할 수 있는 연필을 건축가에게 요구했을 때, 그는 "2B 연필이면 괜찮을까요?"라고 조심스럽게 되물을 것이다. 그림을 그리지 않고서는 사고할 수 없다는 것은 건축을 직업으로 완전히 사회화된 사람의 진정한 특징이라고 할 수 있다.

레이너 번햄(Reyner Banham)

로버트 소몰(Robert Somol)은 미국 시카고에 위치한 일리노이 주립대학교(University of Illinois at Chicago) 건축학부 학장으로 재직 중이다.

도면의 건축

로버트 소몰(Robert Somol)

건축업과 건축학계가 세상의 사회적·경제적·환경적 '현실'과의 관련성에 완전히 집착하는 것처럼 보이는 지금, 도면은 건축가가 수행할 수 있는 가장 자연스러운 행위 중 하나이다. 경박함이나 향수, 과잉 혹은 관습의 의구심 속에서 도면은 기껏해야 목적을 위한 수단으로 용인되거나, 최악의 경우 조악한 무책임으로 치부된다. 그러나 일부 건축가들은 때때로 설계하고 이를 실제 건물로 시공할 기회를 가질 경우 모든 건축가들은 도면을 그리게 된다. 자연(로지에Laugier), 기계(르 코르뷔지에Le Corbusier), 심지어 도시(로시Rossi)와 같이, 건축은 이러한 원초적인 장면들을 그리는 행위를 통해 목격하게 된다. 모든 도면 및 투영은 왜곡, 변형으로 구성되어 있다. 그리고 여기에는 좋은 점도 있다. 왜냐하면 그런 절제된 편차가 없는 건축물은 없기 때문이다. 모든 건축은 페이퍼 아키텍처paper architecture에 해당한다.

이러한 건축이 지닌 그래픽적 특성은 아마도 1960년대에 성년을 맞이한 건축가 세대가 새로운 건축물을 창조할 수 있는 기회로 주목받았다. 예를 들어, 존 헤이덕John Hejduk의 다이아몬드 하우스Diamond House 연작에서, 뾰족한 혹은 회전된 사각형이 기본적인 건축 원형으로 나타난다. 헤이덕의 경우 기본 큐브에 기저를 이루고 이를 선행하는 것은 2차원 다이아몬드 형태이다. 이 다이아몬드는 그 자체가 입방체의 모습으로 세상에 들어가기 전에 회전하고 투사되어야 한다. 마찬가지로 피터 아이젠만의 주택 10호House X를 위한 엑소노메트릭 모델axonometric model은, 비스듬하게 시공된 형태로 이루어졌으며, 이는 투영 기하학을 활용한 최초의 작품이다. 이 작품들과 그 시대의 다른 작품들에서, 도면은 (건축물을) 생성하는 주체가 된다.

평면과 단면의 정체성 자체가 이 세대를 위한 '자름cuts'의 일반적인 지위를 차지하기 시작함에 따라, 건축의 공간적·물질적·수사적 전개에 대한 이러한 방향의 근본적인 의미는, 그럼에도 불구하고 도면 작성에 있어서 관습과 규율을 그대로 유지하도록 요구하였다. 그러나 오늘날 도면과 단면의 개념적 '상대성' 그 자체는 사실상 건축의 새로운 기본 실체인 '모델'에 의해 포함되었다. 라이노Rhino를 사용하든 레빗Revit을 사용하든 모델은 그 자체로 익명의 (상기 소프트웨어 또는 다른 소프트웨어와의 협업 여부와 관계없이) 자연 상태, 즉 사물 자체가 되는 기본 상태를 취하게 되었다. 정사형正射形 관계 내에서 유지되어 온 암묵적인 논쟁의 형태는 모델의 실시간 협상 및 수용 내에서 대체되었다. 이 새로운 질서 내에서 상실될 위험이 있는 것은 건축을 기교, 문화적으로 의도된 형식, 기관(또는 서명), 조작 및 불일치에 취약한 이념적 투영으로 이해하는 것이다. 도면 장르와 건축가 세대 간의 줄다리기를 강조함으로써 이 책은 건축과 같은 부자연스러운 행위의 잠재적인 미래를 상상한다.

미국과 라스베이거스의 관계에 대해 데이브 히키Dave Hickey가 한 말로, 비유하자면 세계는 건축을 바라보는(또는 평가하는) 특별한 렌즈가 아니라, 건축은 세계를 바라보는(그리고 리메이크하는) 강력한 렌즈이다. 건축 도면은 그 자체가 가정하는 모든 인위적 관습과 더불어 이 선행적 역할의 핵심 공범이다. 건축가를 위한 도면은 이러한 제약에 대한 자발적인 예속이 수반하는 즐거움과 가능성을 표현한다.

서문

나는 말하는 것보다 도면을 더 선호한다.
도면은 더 빠르고 거짓을 위한 여지를 적게 남겨둔다.

르 코르뷔지에(Le Corbusier)

도면에 주목하다

우리는 건축을 위한 도면의 역사 가운데 흥미로운 지점에 있으며, 어느 합리적인 정도에 이르는 주제를 다루기 위해서는 다음과 같은 조심스러운 질문을 할 준비가 되어 있어야 한다. 건축가는 여전히 그리는가? 오늘날 건축가들은 20년 전과는 다른 방식으로 일을 하고 있으며, 손으로 투시도를 작성하거나 외관상 정확하고 일관되고 거의 기계적인 도면용 글자 연습을 하는 힘든 과제를 배우기 위해 인내심이나 필요성(또는 사치스러운 시간)을 감내하는 사람은 거의 없다.

그래서 '아니요'라는 대답은 당연하게 여겨질지도 모른다. 오늘날의 건축가가 펜 또는 연필을 쥐고서 제도판 위에서 웅크리고 있는 경우는 드물지만, 디지털화된 도면이나 모형을 만드는 과정을 통해, 마우스 또는 스타일러스를 활용하는 경우는 많이 있을 수 있다. 그렇다면 일단 앞선 질문을 다시 진술한다면 더욱 유용할 것이다. 건축가들은 여전히 도면을 작성하는가? 그것에 대한 대답은 뉘앙스에 차이가 있겠지만 훨씬 더 확신에 차서 '그렇다'라고 말할 수 있을 것이다.

도면은 여전히 건축가에게 화폐와 같은 존재이다. 만약 디자인의 가치에 적합한 방식으로 표현되지 않는다면 디자인의 본질적인 가치를 세계에 이해시키기 어렵다. 도면의 논리는 건축이 구상되고 표현되는 방식의 핵심 측면이며, 이는 이전부터 지속되었다. 건축가들은 그들의 생각에 관한 이야기를 전하기 위해 도면을 사용한다. 이러한 도면은 기술적이든 도발적이든, 정확하든 환상적이든 간에 여전히 건축일과 관련된 사업자들과 합의된 관습에 크게 부합한다. 건축가의 도면은 메시지를 제어할 수 있다. 도면이 지닌 능력을 무시한다면 건축가가 전하는 메시지를 조절하는 힘을 잃을 수도 있을 것이다.

비록 손으로 도면을 제작하는 시대의 종말을 아쉬워하고 한탄하기는 쉽지만, 손쉬운 디자인 탐구를 가능하게 하고, 디자인 개발의 모든 측면을 전달하기 위해 필요한 문서를 생산하는 데 거의 즉각적인 능력을 제공할 수 있는 현대 도구의 힘을 부정하는 것은 무의미하다. 그러나 손으로 만든 도면이든 디지털로 만든 도면이든, 디자인은 도면을 통해 건축가의 의도를 전달한다. 디지털을 통해 생산된 도면은 이전보다는 더욱 디지털 모델로부터 생산된 투영일 수 있겠지만, 그것들은 여전히 도면에 해당한다.

본 도서『건축가를 위한 도면표현기법』은 평면도·단면도·입면도·투상도·빗각 투영도 및 투시도 사이의 대화를 확대함으로써, 도면의 유형·투영도 및 기법의 진행에 대한 통찰력을 제공한다. 이 대화들이 그리는 기술적·학문적 중요성 그리고 건축설계를 계속 이해하고 가능하게 하는 방법 모두를 암시적으로 설명할 것이다. 건축에서 사용되는 도면 유형 안내서에는 응용 프로그램, 생산 기술 및 주요 용어에 대한 평가가 있으며, 대부분은 각 유형과 기술을 통해 목적에 맞는 건물 설계를 위한 고유한 사례 연구를 통해 탐색이 이루어진다. 이러한 정보를 보완하기 위해 현재 실무에 종사하고 있는 광범위한 건축가들의 도면들이 오늘날 건축을 위한 도면이 의미하는 것의 표본으로 등장한다.

말하는 것과 비교하여, 도면은 '거짓말을 할 여지를 덜 남긴다'라고 할 수 있지만, 어떠한 도면도 대리인이 없는 것은 아니며, 생략된 항목을 제어하는 것은 포함된 항목의 중요성과 동등하다. 도면의 힘은 도면이 특권을 얻고 확장된 가능성의 세계를 위해 상당한 여지를 남기기 위한 궁극적인 권한에 있다.

01 투영도 유형

역사 속의 도면

건축 도면은 다양한 형태를 취하고 많은 작업을 수행하지만, 도면의 주요 작업은 설계 아이디어를 생성하거나 표현하는 것을 포함하며, 종종 두 가지 모두를 포함한다. 중요한 것은 오늘날 대부분의 건축 도면 제작이 디지털로 이루어지므로, 도면과 모델링을 구분하는 것은 중요하다. 도면은 사물(모델) 자체가 아니라 사물의 투영이다. 따라서 우리는 사람이 거주할 수 있는 것처럼 보이는 가상공간의 효율적인 디지털 창작물 안에서 점점 더 존재할 수 있지만, 도면과 그 의지를 고려할 때 흥미로운 것은 이러한 공간을 2차원 화상면에 여러 투영 가능한 공간의 표현이다.

건물을 설계할 때 도면은 훨씬 큰 건물, 건물의 일부, 심지어 도시 일부까지도 축소된 묘사를 의미한다. 건물을 만들 때 축소 도면의 역사는 얼룩진 증거와 상반된 관점으로 인해 설정된다. 도면이 생산한 수많은 건물과는 달리, 만약 도면이 있다면 고대 건축 세계의 많은 부분을 책임지고 있는 도면들은 지금까지 살아남지 못하였을 것이다.

고대 그리스의 건물들은 축소된 평면·단면·입면을 준비해서 만든 것이 아니라, 석재로 조각된 완전한 형태의 템플릿과 서면 지침syngraphai을 통해 구성된 개별적이고 고도로 표준화된 요소들을 배치한 결과였다. 그러한 도면들은 디디마Didyma에 있는 아폴로 신전의 벽에서 발견되었고, 이는 기원전 3세기의 형태로 여겨진다. 이 도면들은 신전의 세부 사항에 대한 실물 크기의 작업 도면뿐만 아니라, 단일 축 제도製圖(기둥의 평면도는 실제 크기로 묘사된 반면, 훨씬 더 긴 높이는 공간 부족으로 인해 비례적으로 감소하였다)를 설명하는 도면의 예들도 묘사하고 있다. 이 방법은 사원의 거대한 기둥을 시공하는 방식이었다. 나중에 파피루스·양피지·심지어 나무판 위에 축소된 건축 도면을 만들었을 수도 있지만, 그러한 재료는 이후 수천 년 동안 살아남을 수 없었다.

그러나 르네상스 이후, 아이디어와 지식의 보급에 대한 헌신과 이와 함께 그려진 유물의 신중한 보존에 대한 열정을 통해, 3차원적 공간을 2차원의 화상면에 투영시키는 작업을 둘러싼 혁신·발견·이데올로기가 계속해서 건축가와 역사학자 모두의 상상력을 사로잡았다.

18세기와 19세기의 예술가들에게 도면의 기원을 묘사하는 것은 익숙한 지형이었으며, 디부타데스Diboutades의 고전적인 전설과 그녀의 떠나간 애인을 통해 자주 탐구되었다. 이 그림들에서 그녀는 가까이 있는 촛불이나 램프 불빛에 의해, 벽에 드리워진 사랑하는 이의 그림자 윤곽을 추적한다. 로빈 에반스Robin Evans는 그의 논문 '도면에서 건물로의 변화'에서 이러한 묘사를 화가이자 건축가인 칼 프레드리히 쉰켈Karl Friedrich Schinkel의 해석과 비교했다. 쉰켈의 1830년 그림 '도면의 발명'은 이 같은 장면을 여성이 남자의 머리를 안정되게 잡은 상태에서, 태양에 의해 드리워진 그림자와 양치기가 그린 남자의 실루엣과 함께 야외에 배치한다. 그 차이들은 미미하게 보일지 모르지만, 건축가이자 역사가인 에반스가 기술한 바와 같이 두 가지 중요한 문제를 제기했다. 건축되지 않은 환경인 외부로 행위를 이동시킴으로써, 쉰켈은 이 첫 번째 도면의 이전에는 건물이 존재할 수 없었을 것이라고 암시했다. 쉰켈의 그림 또한 더 전형적인 그림의 국소 광원과 비교했을 때, 태양 복사의 사실적 평행선에 의해 가능하게 된 정사영 투영에 관한 사례를 확립하였고, 결과적으로 이 사례를 통해 그림자의 원근 기법을 제공하였다.

이러한 비교는 건축과 건축을 형성한 문화와 관련된 도면의 위치를 이해하는 데 명확한 맥락을 제공한다. 건물을 세우는 데 사용된 최초의 도면에 관한 정확한 기원에 대해서 우리의 접근이 수월하지 않을 수 있지만, 쉰켈은 건물이 세워지기에 앞서 도면이 필요하다는 설득력 있는 사례를(오른쪽 그림에서와 같이) 제시하였다.

도면의 발명(The Invention of Drawing),
칼 프리드리히 쉰켈(Karl Friedrich Schinkel, 1830)

투영 유형

건축은 본질적으로 3차원으로 이루어져 있지만, 투영도를 사용하여 공간과 형태를 표현하는 2차원적 수단에 의존하는 경우가 많다. 투영법에는 정투영도, 빗각 투영도 및 투시도라는 세 가지 기본적인 유형이 있다. 각 투영도 유형에는 3차원 사물에 관한 다양한 정보를 2차원으로 전달할 수 있는 속성을 지니고 있다.

정투영

평면
단면
입면

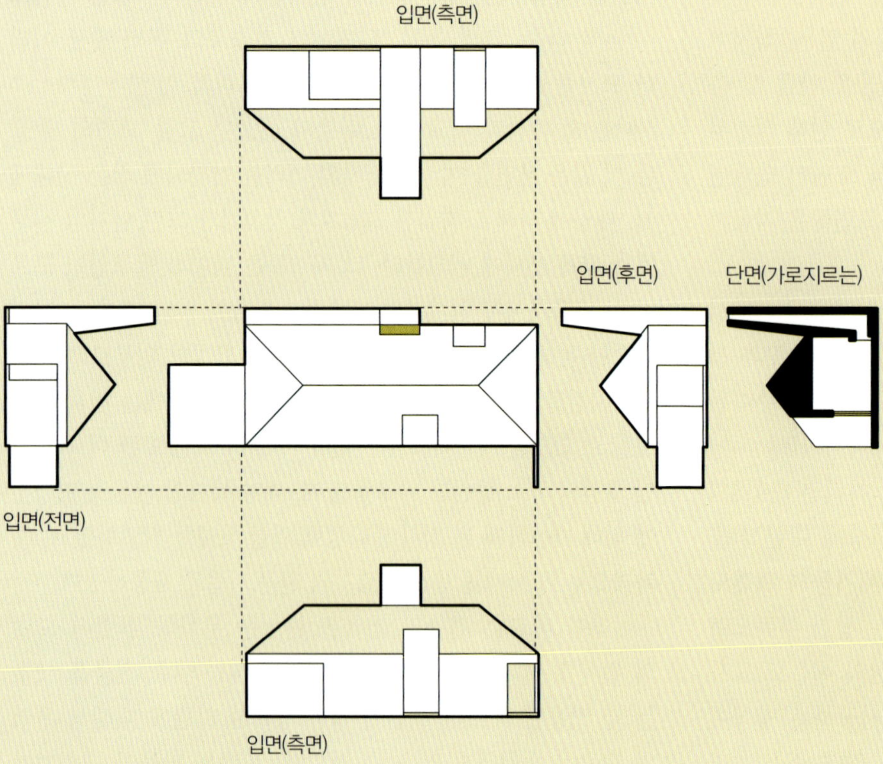

입면(측면)

입면(후면) 단면(가로지르는)

입면(전면)

입면(측면)

엑소노메트릭(Axonometric)

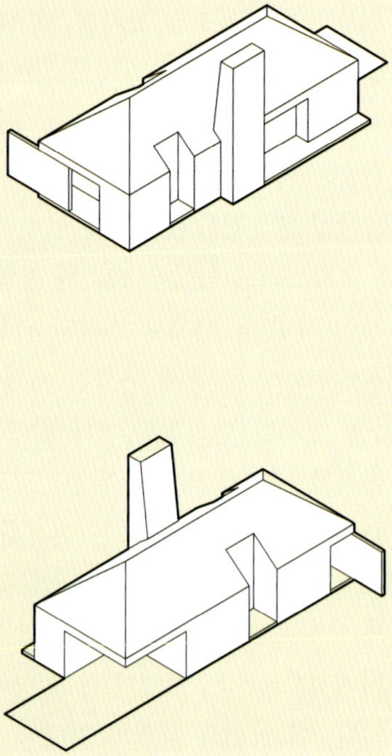

투영도

정투영법

투상도(단일 뷰)

빗각

투시도

투영 과정을 통해 도면을 작성하지 않고 회화적으로 재현하여 그린 경우에도 '투영projection'이라는 용어를 사용하는 경우가 종종 있다. 투영은 대상과 그 구성 이론에 대한 고유한 이해에서 비롯되지만, 회화적인 표현은 일련의 방향을 따른 결과이다. 컴퓨터는 종종 우리를 위해 투영도를 만들고, 투영의 구성에 필요한 더 깊은 기초를 통해 작업한다. 이번 장에서는 투영의 여러 가능한 기원을 인정하지만, 다양한 구성 방법보다는 이러한 투영의 결과와 사용법에 대한 이해에 중점을 두기로 한다.

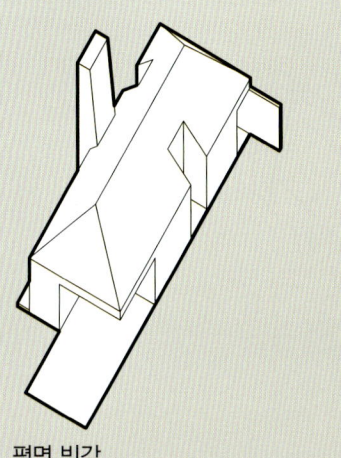

평면 빗각

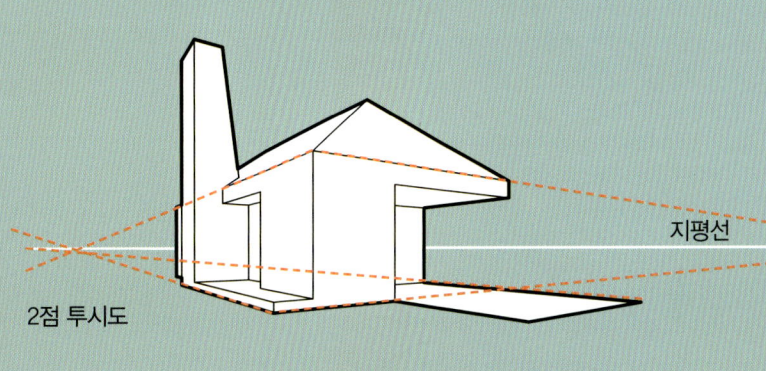

2점 투시도 — 지평선

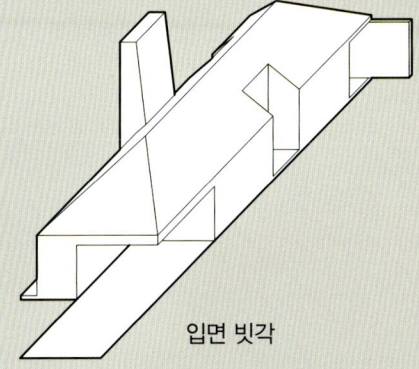

입면 빗각

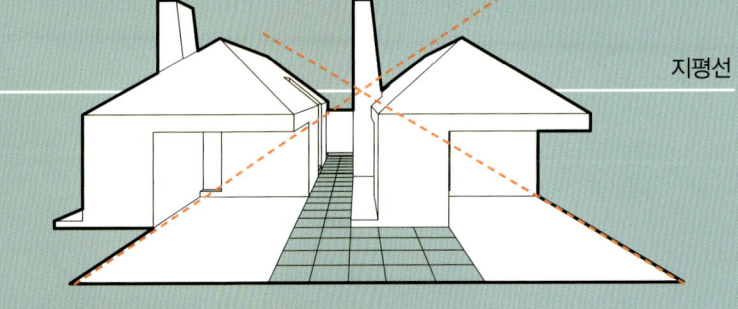

1점 투시도 — 지평선

빗각 투영법

투시도법 (투시도(단일 뷰))

화상면

투영은 화상면과의 관계를 통해 잘 이해될 수 있다. 화상면 자체는 투영이 그려지는 한 장의 종이 또는 특정 위치에서의 디지털 모델을 구성하는 컴퓨터 화면과 같이, 사물을 볼 수 있는 평평한 창으로 설명될 수 있다.

평면도, 단면도, 입면도, 엑소노메트릭은 **정투영도**에 해당한다. 왜냐하면 화상면과 직각으로 만나는 평행선을 통해서 투영이 이루어지기 때문이다.

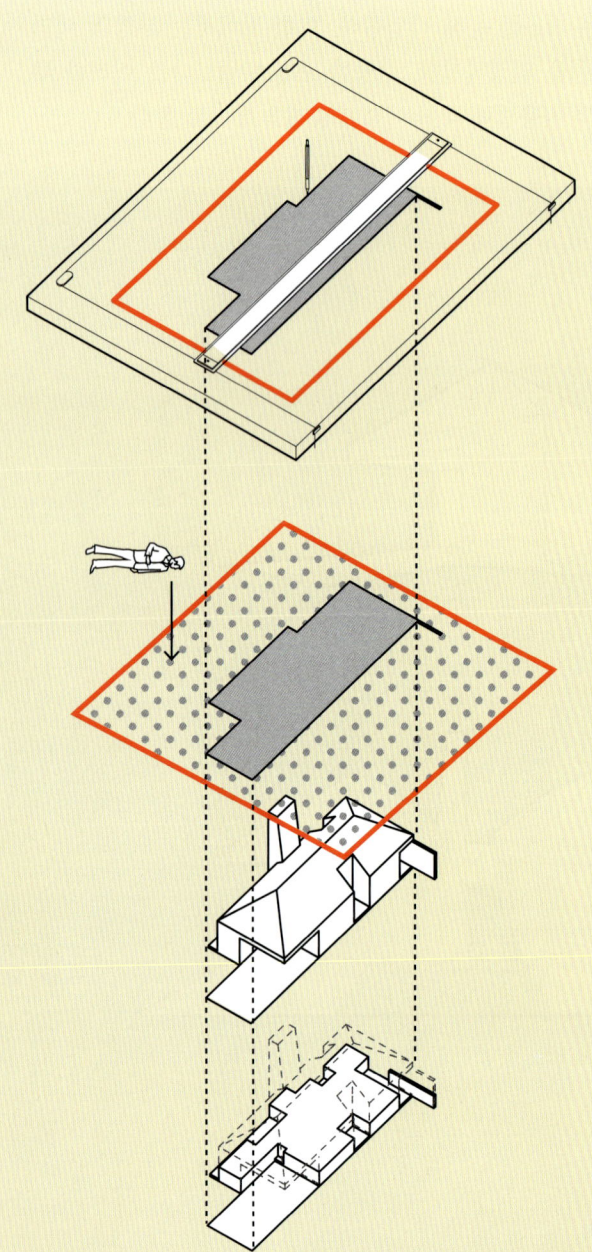
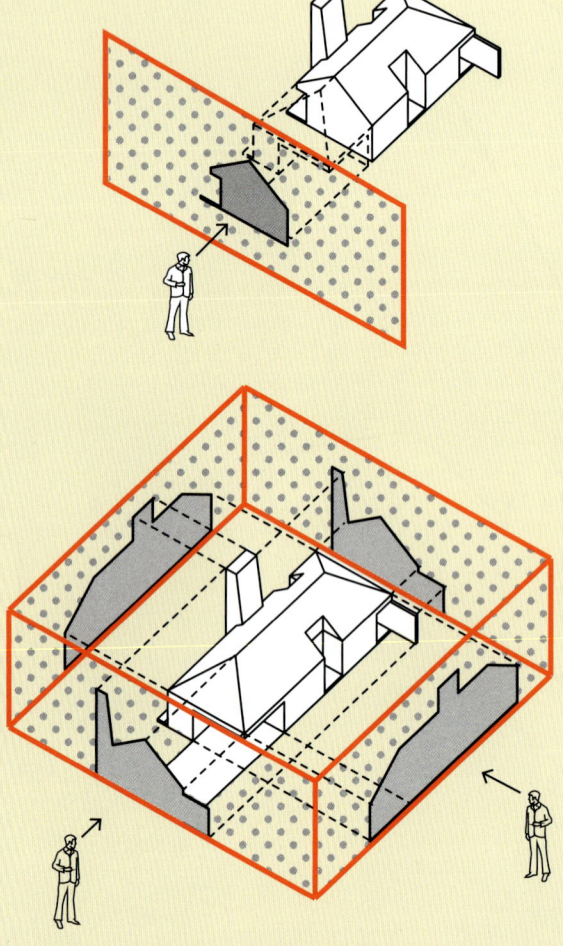

모든 투영 유형은 사물, 관찰자, 화상면, 투영선이라는 네 가지 요소를 가지고 있다.

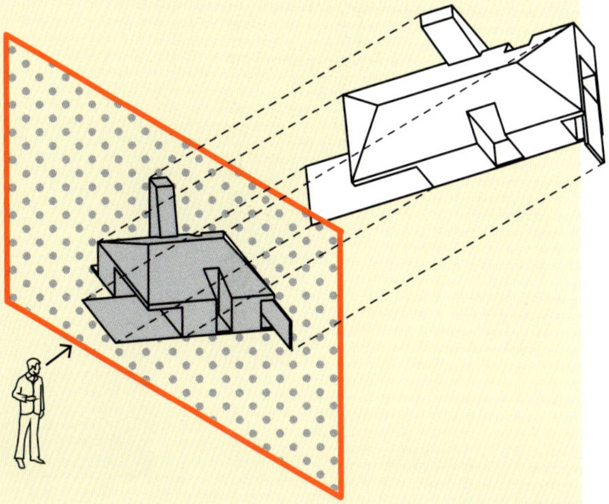

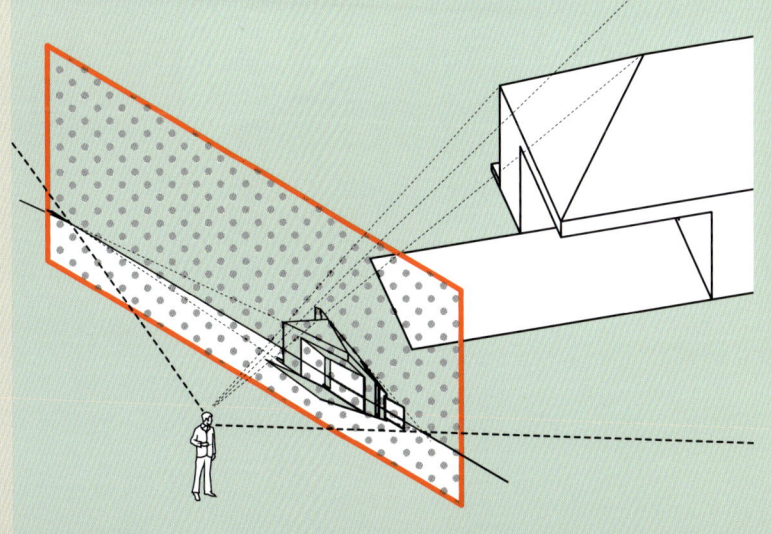

빗각 투영법은 서로 평행하지만 비스듬하게 기울어진 각도로 화상면과 만난다.

투시도법에서 후퇴하는 선은 수평선의 소실점으로 수렴한다.

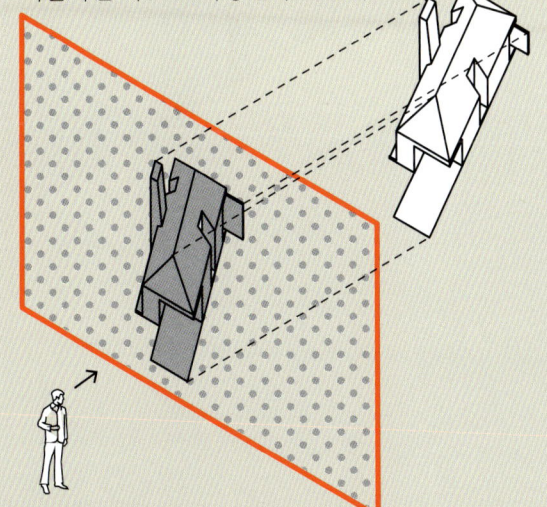

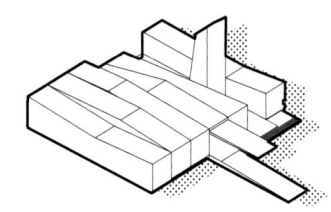

안내

　도면이 가진 조직, 강조, 참여의 능력에 주목하며, 프로토타입 건물 설계 도면을 통해 주요 투영도 유형을 탐색하기로 한다. 여기에 선보인 '지역 도서관' 프로젝트는 중규모 도서관으로서 지역민을 위한 모임 공간이다. 이 건물은 섬이나 산·도시 등 어디든지 위치할 수 있으며, 앞으로 전개될 내용에 도면과 함께 설계되었다. 이를 통해 앞으로 제시될 도면 유형에 대한 안내자의 역할을 담당하게 될 것이다.

　유형별로 정리된 이 도면들은 설명만큼이나 탐색에 해당한다. 종합하자면 이 도면들은 건축 설계 생산 및 표현의 관습을 통해 탐구된 하나의 가능한 프로젝트에 대한 아이디어를 나타낸다. 건물에 대한 일련의 도면으로서, 주요 목표는 건물 설계를 위한 가능성을 조사하기 위해 투영도 유형을 활용하는 것이다. 도면이 한 건물의 많은 잠재된 이야기의 서로 다른 부분을 전달하는 데 고유하게 적합한 방식을 탐색함에 따라, 이상적으로는 서로 일관되도록 조정되지 않을 수 있다. 이러한 불일치는 도면이 모델의 관점이 아니라 설계 도구로서의 강점을 이해하는 데 필수적이다. 도면은 설계자가 설계에 대한 어떤 질문을 해야 하는지 찾도록 도와줄 때 가장 강력한 도구가 될 수 있으며, 도면은 그러한 목적을 지닌 존재이다.

참고: 본문에 예시로 '지역 도서관'을 활용하여 설명이 이루어지는 페이지에는 오른쪽 위에 있는 다이어그램을 활용하여 해당 도면을 반영하는 표기법이 제시된다.

20 건축가를 위한 도면표현기법

화상면

위에서 본 평면

단면으로서의
평면(평면도)

평면

평면도는 적절하고 연속적인 나침반과 규칙의 사용을 통해
작성되며, 이를 통해 건물 표면을 위한 윤곽선을 얻을 수 있다.

비트루비우스(Vitruvius)
건축십서(The Ten Books on Architecture)

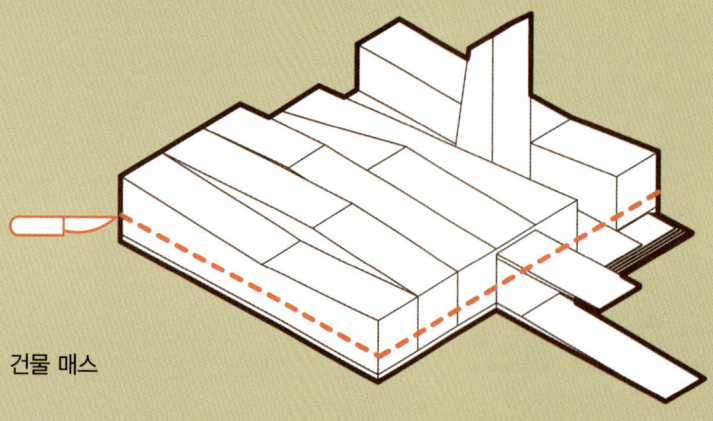

건물 매스

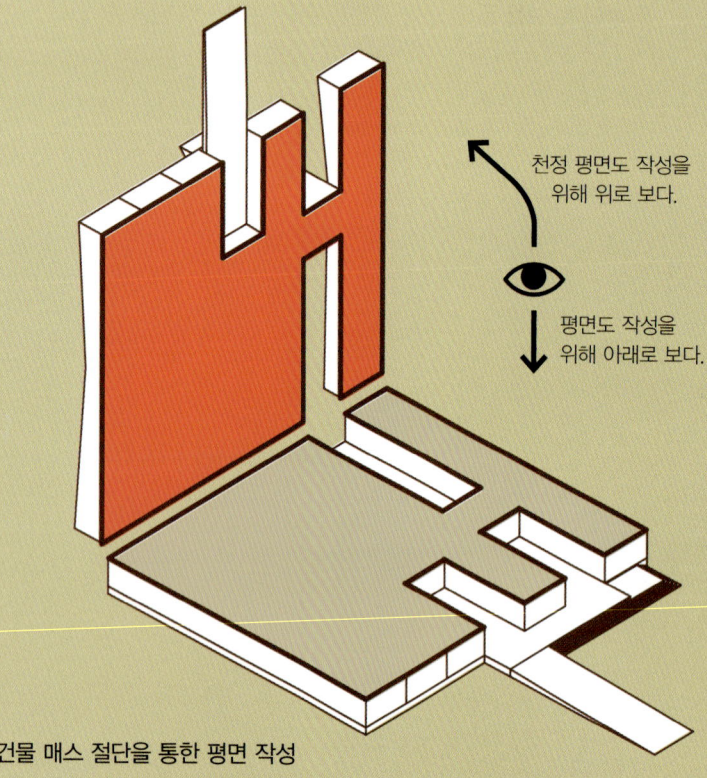

천정 평면도 작성을
위해 위로 보다.

평면도 작성을
위해 아래로 보다.

건물 매스 절단을 통한 평면 작성

평면

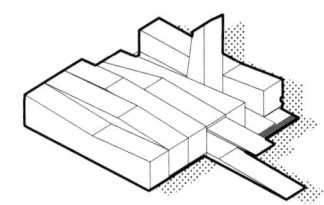

평면

평면은 목적 달성을 위한 방법이자 목적 달성을 위한 구체적인 행동 양식이다. 건축 도면 내에서 투영 유형으로서, 지붕평면도 또는 배치도에서와 같이 위에서 밑으로 내려다보는 역할을 하거나 수평으로 건물을 절단한 단면의 역할을 담당할 수 있으며, 그 결과 일반적으로 평면도로 이해된다.

건축 분야 밖에서 단순히 '계획plans' 또는 '평면floor plans'이라고 부르는 건축가의 도면을 접하게 되는 일은 드문 일이 아니다. 위에서 언급한 그 의미의 구별에서 입증되듯이, 이는 사실인 동시에 사실이 아니다. 제안된 건축물을 설명하는 데 필요한 수집된 도면은 평면도 또는 오버헤드 뷰일 뿐만 아니라, 모든 투영 유형의 버전으로 구성된다. 하지만 동시에 도면은 실제 실행계획서이자, '새로운 건축을 향하여Vers Une Architecture'의 저자인 르 코르뷔지에Le Corbusier에 의하면, 다가올 건물에 봉사하는 '전투 계획'에 해당한다.

계획 자체는 위로부터의 특권적 관점으로서 그리고 비전을 제시하는 의도로서, 일반적으로 '건축' 또는 건축의 실천에 관한 것으로 이해되는 투영 유형일 수 있다. 시공 도서 도면 세트에서는 국가 표준에 따라 평면도가 먼저이고 다음으로 입면도, 단면도 및 상세도가 나온다.

이 모든 것이 평면도를 주요 건축물의 투영으로 가리킬 수 있지만, 문서화·명확화·조정 및 탐색에 있어서 많은 부담이 주어진다. 건물의 평면도는 우리가 방향을 파악하도록 도와준다. 또한 건물의 평면도는 지리와 여행 일정을 동시에 지도화하여 실현하게 한다.

평면을 자르다

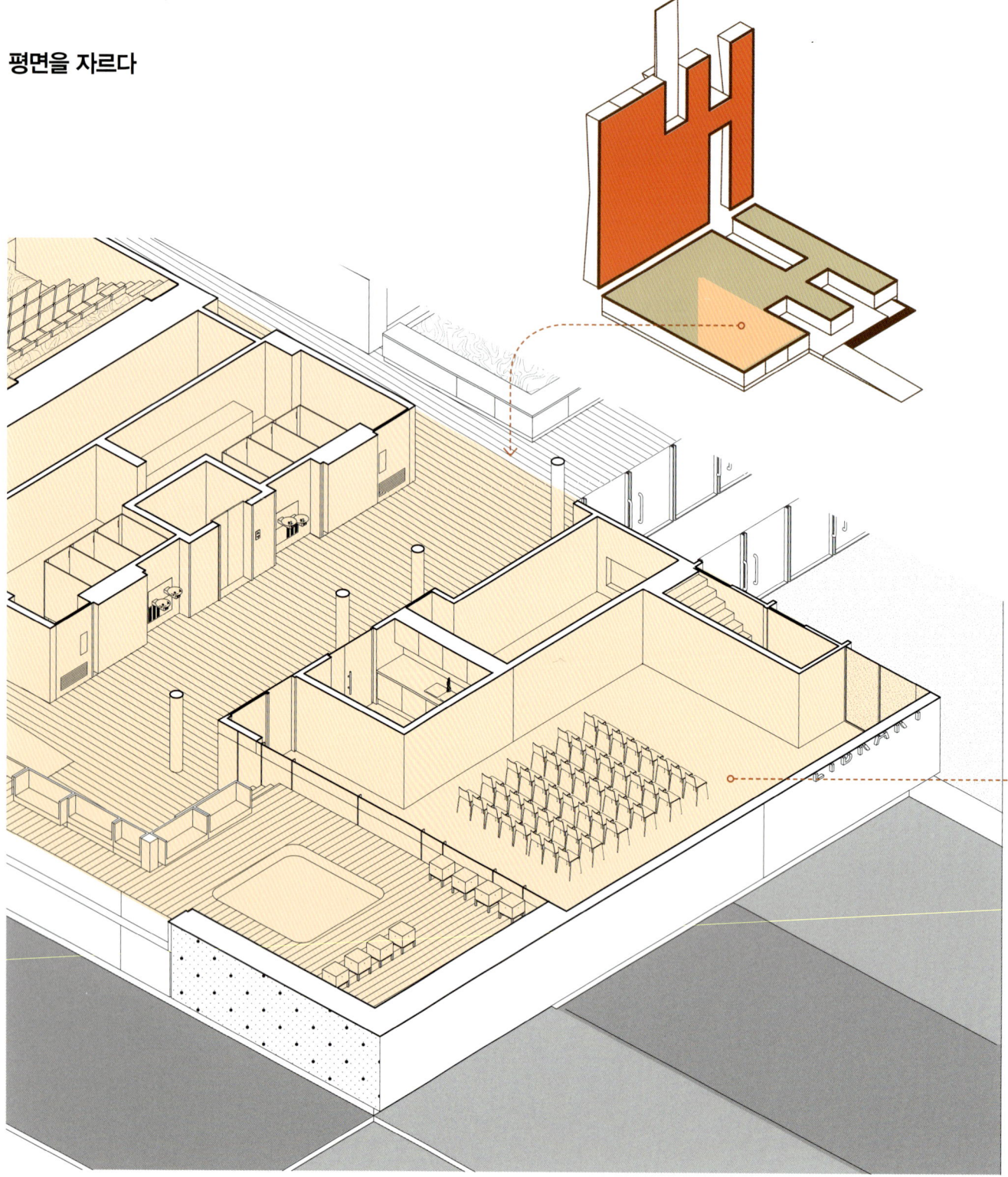

01 투영도 유형　25

평면

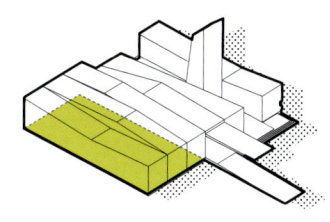

평면도

평면 절단은 일반적으로 표현되는 레벨의 바닥에서 약 0.9 또는 1.2m(3피트 또는 4피트)의 높이에서 이루어진다. 벽과 같이 절단되는 곳에서는 두꺼운 윤곽선 또는 검은색 실선으로 가장 굵게 표시되고, 절단 평면으로부터의 거리를 설명하는 데 적합한 선 두께 이상의 정보(아래)가 표시된다.

평면마다 역할이 다를 수 있으며 그 내용은 이를 반영한다. 시공 도면에서 치수, 주석 및 다양한 키와 기호가 포함된다. 프레젠테이션을 위한 도면에는 그래픽 명확성과 가독성을 중심으로 기술 정보가 정리된다.

- 절단된 벽은 검은색 채우기(poche)로 표시된다.
- 바닥 패턴
- 문이 열리는 표기는 문이 열리는 방향과 범위를 나타낸다.
- 계단
- 욕실 장비 (변기, 세면대, 칸막이)
- 바닥 패턴
- 둥근 기둥들
- 의자(이동식) 붙박이장이 아닌 가구의 경우에는 일반적으로 평면도에 표시되지 않지만, 가구 배치가 전기 콘센트의 위치에 영향을 미치는 여부에 따라 전기설계도에도 가구 배치가 표기되기도 한다.
- 램프 방향을 가리키는 표시

(평면 라벨: 강당, 창고, 복도, 자판기, 도서 반납, 강의실, 어린이 도서관)

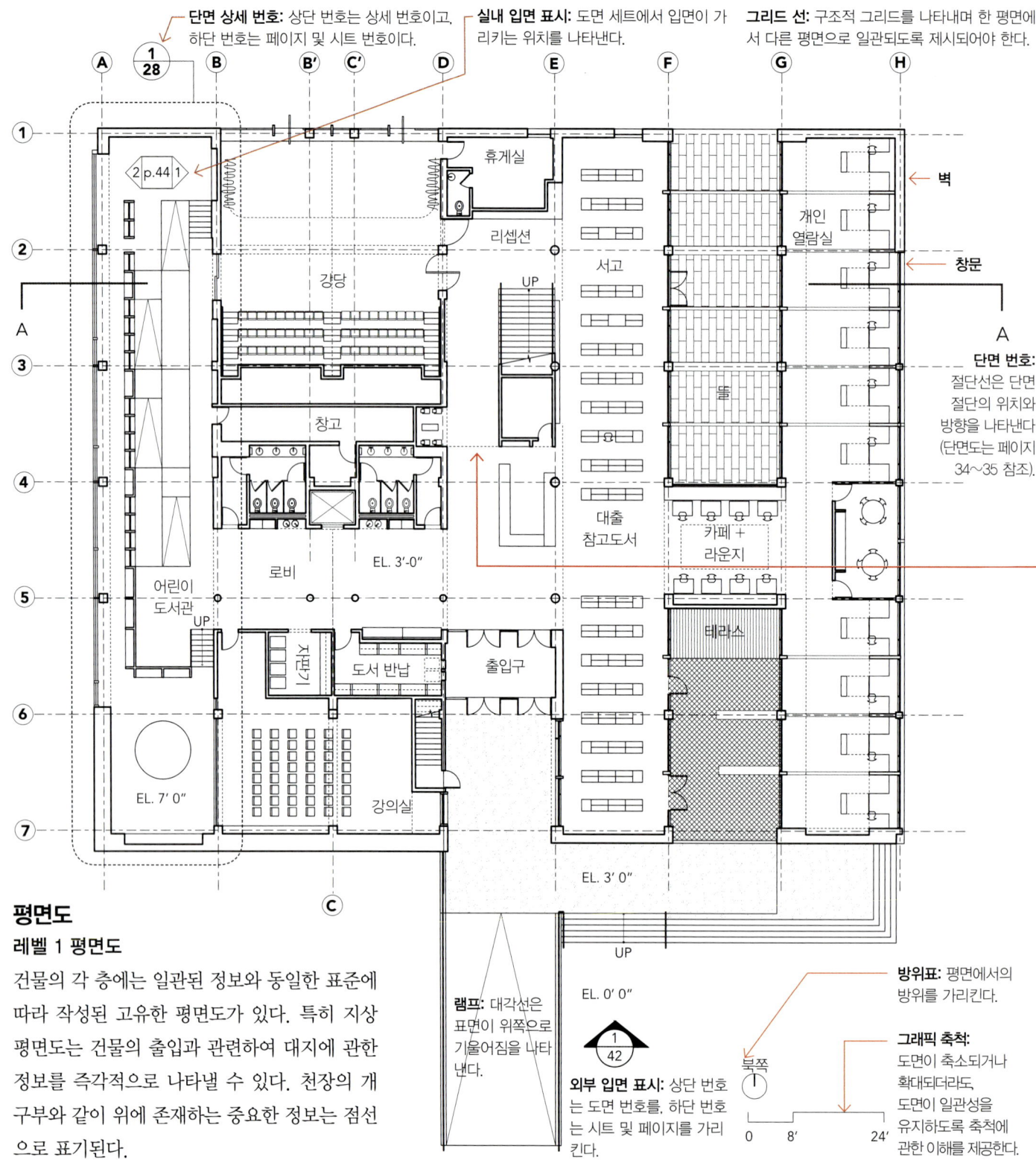

평면도

레벨 1 평면도

건물의 각 층에는 일관된 정보와 동일한 표준에 따라 작성된 고유한 평면도가 있다. 특히 지상 평면도는 건물의 출입과 관련하여 대지에 관한 정보를 즉각적으로 나타낼 수 있다. 천장의 개구부와 같이 위에 존재하는 중요한 정보는 점선으로 표기된다.

01 투영도 유형　27

평면

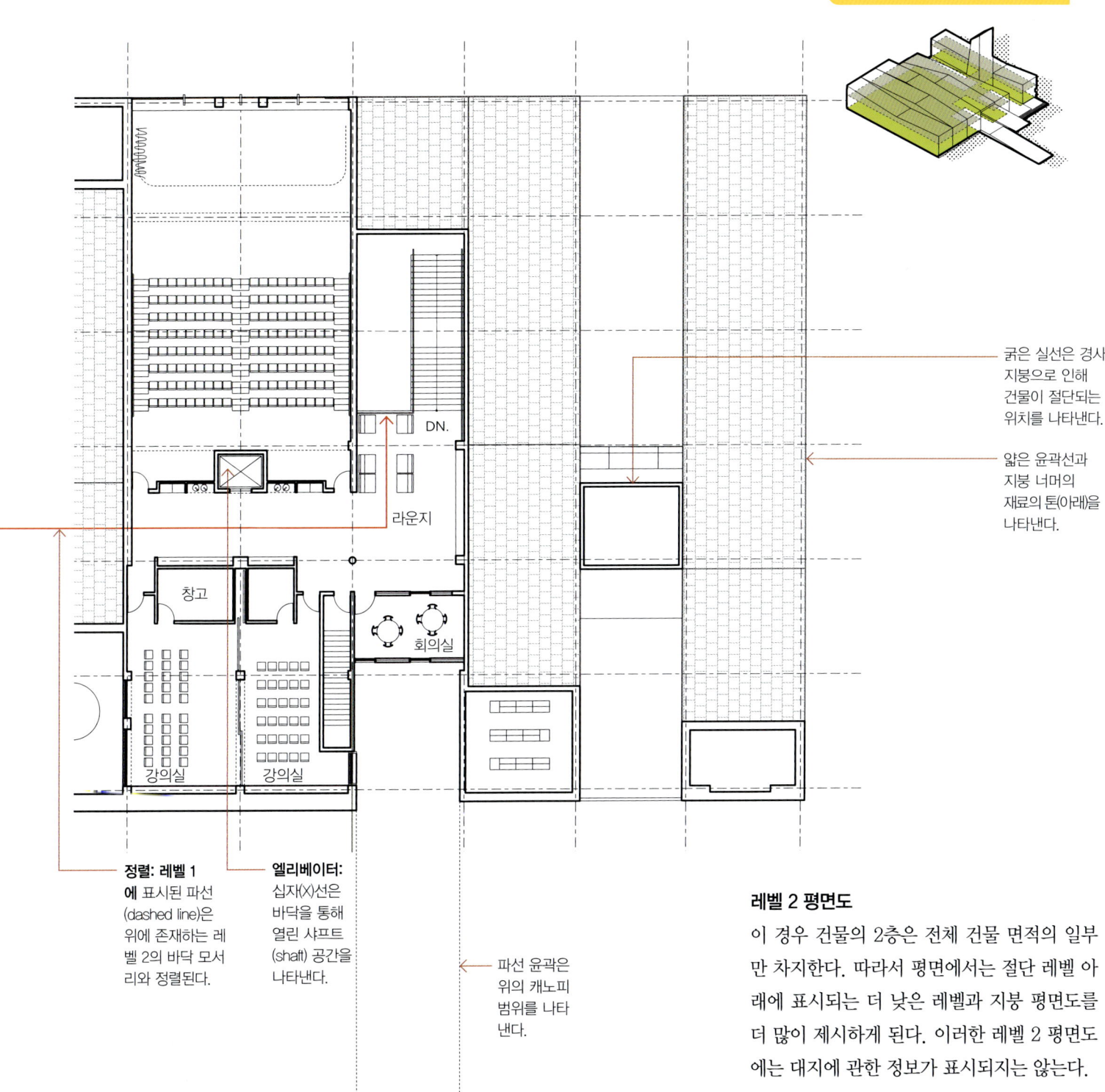

굵은 실선은 경사 지붕으로 인해 건물이 절단되는 위치를 나타낸다.

얇은 윤곽선과 지붕 너머의 재료의 톤(아래)을 나타낸다.

정렬: 레벨 1
에 표시된 파선 (dashed line)은 위에 존재하는 레벨 2의 바닥 모서리와 정렬된다.

엘리베이터:
십자(X)선은 바닥을 통해 열린 샤프트 (shaft) 공간을 나타낸다.

파선 윤곽은 위의 캐노피 범위를 나타낸다.

레벨 2 평면도

이 경우 건물의 2층은 전체 건물 면적의 일부만 차지한다. 따라서 평면에서는 절단 레벨 아래에 표시되는 더 낮은 레벨과 지붕 평면도를 더 많이 제시하게 된다. 이러한 레벨 2 평면도에는 대지에 관한 정보가 표시되지는 않는다.

기타 평면도
확대 평면도
(Enlarged Floor Plan)

이러한 확대 평면도는 일반적으로 큰 축척의 평면도에서 표현이 어려운 방 또는 일련의 공간을 설명하는 데 유용하다. 또한 재료, 가구, 붙박이 비품 또는 캐비닛에 대한 세부 정보를 제공할 수 있다.

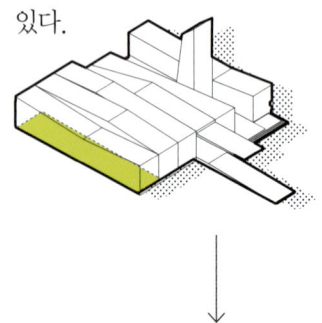

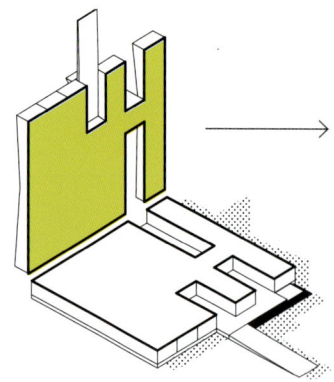

천장 평면도
(RCP, Reflected Ceiling Plan)

천장 평면도는 수평으로 절단하여 아래 바닥이 아닌, 위로 천장을 향해 작성된 평면이다. 평면도와 마찬가지로 천장 평면도는 절단되는 벽의 위치에서 가장 굵게 표시되며, 천장과 관련된 시공 및 조명과 관련된 부분을 표현한다.

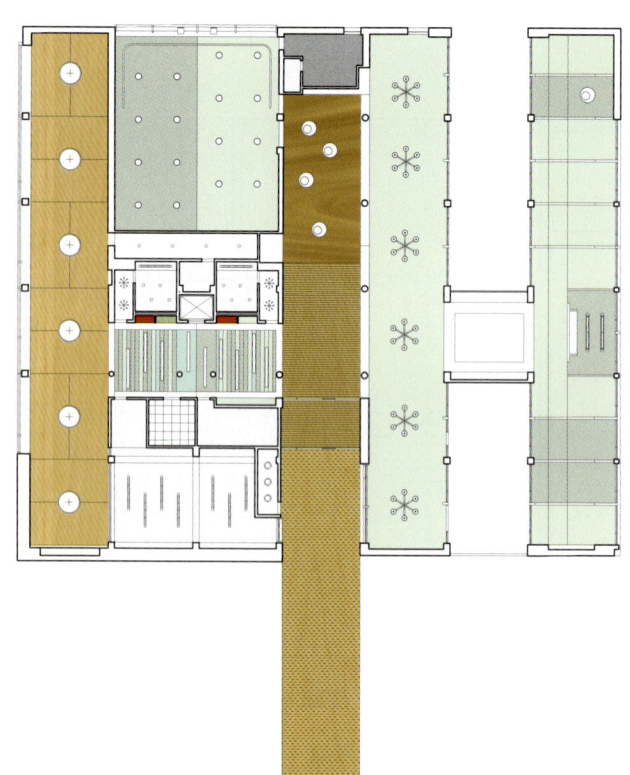

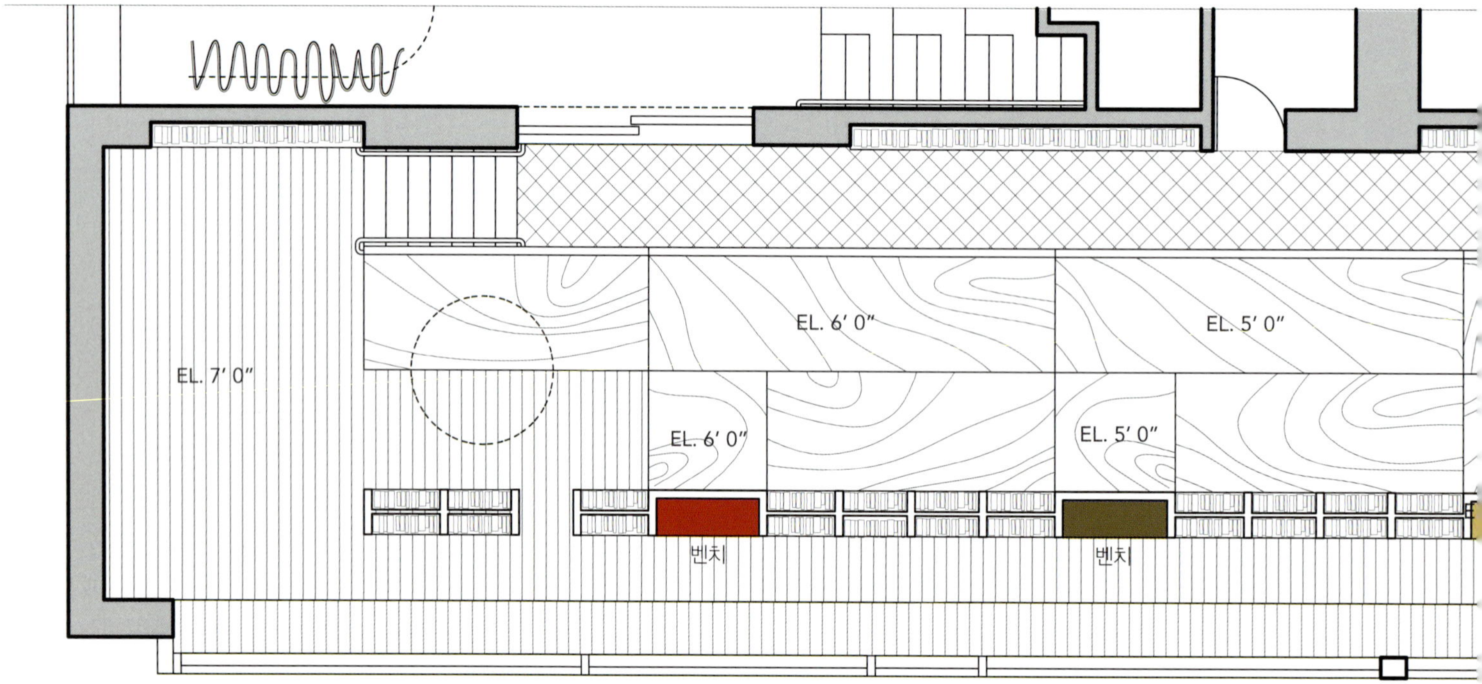

01 투영도 유형　**평면**

지붕 평면도(Roof Plan)

지붕 평면도는 일반적으로 절단면보다는 건물의 지붕 높이보다 높은 곳에서 내려다본 모습을 나타낸다. 절단되는 곳을 표현하는 대신에 모든 정보가 수평의 입면도로 표시된다. 지붕 평면도에서는 높이와 평면상의 변화를 나타내는 데 도움이 되는 그림자를 사용할 수 있으며, 초목을 포함한 현장에서의 대지에 관한 정보를 제공한다.

배치도(Site Plan)

배치도에는 건물의 지붕 평면도가 포함될 수도 있으며, 출입구, 접근 경로 및 주변 맥락과 관계를 나타내는 방법으로 1층 평면도가 포함된다.

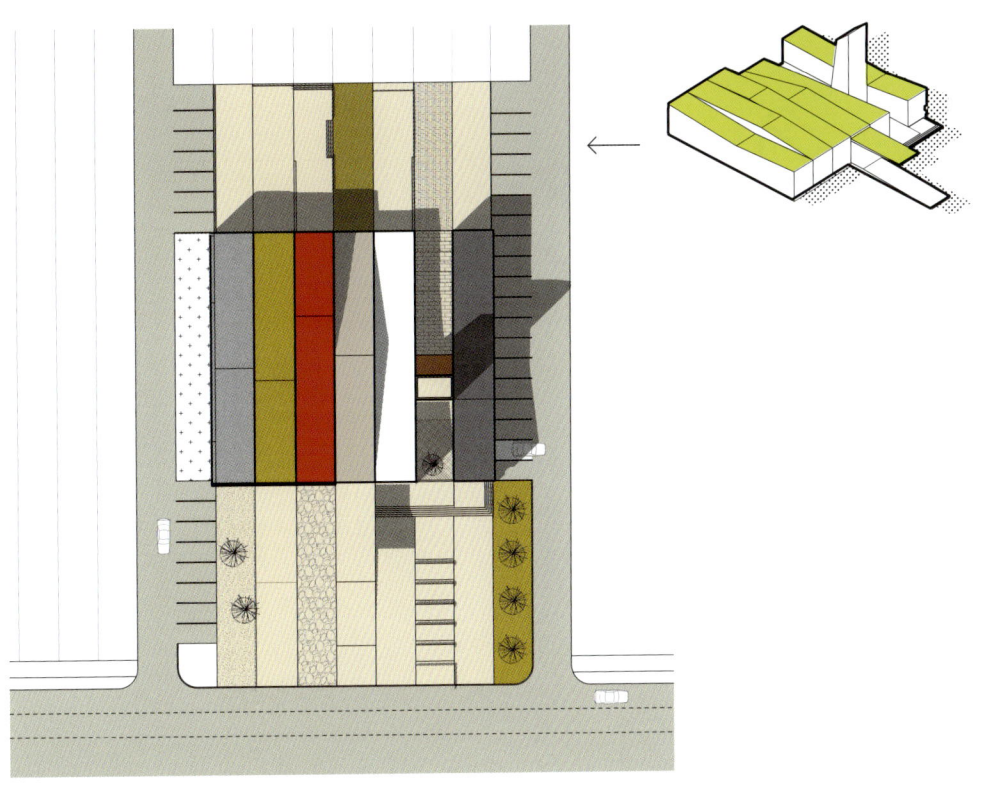

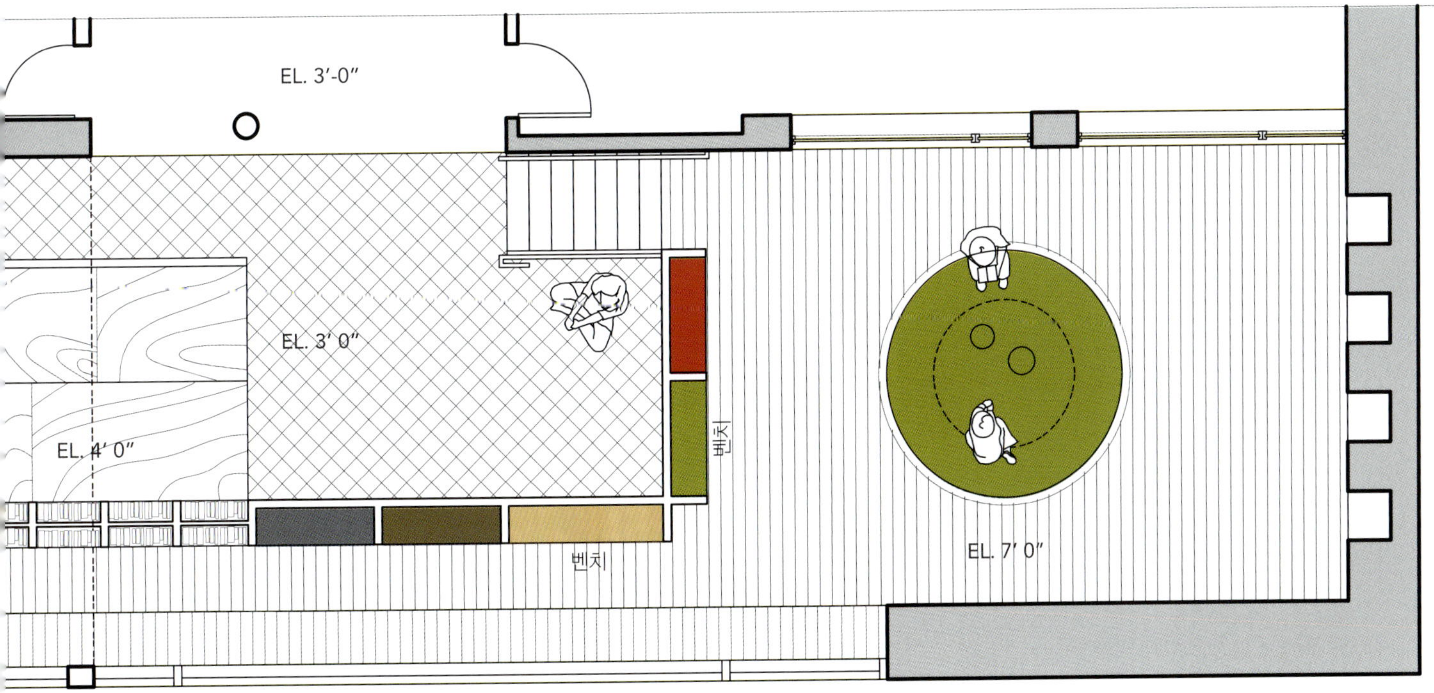

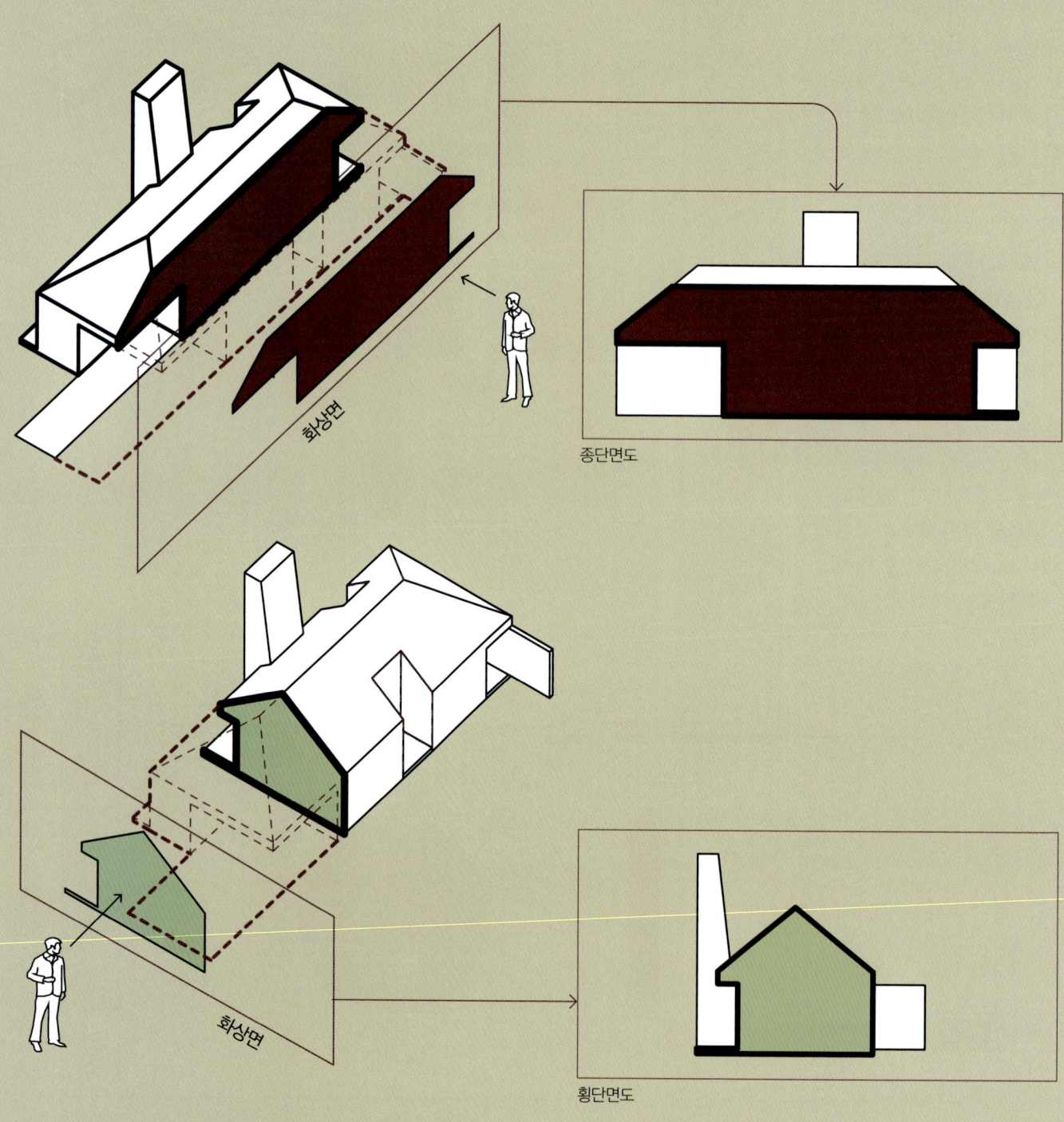

단면

건축에서의 단면이 건물 요소의 배치를 결정하는 다양한 기능을 갖는 다면, 그 단면은 시공에 대한 모든 기대의 필수적 참조가 된다. 그들은 형태와 힘 사이의 관계를 가장 즉각적으로 파악할 수 있는 방식으로 결정한다.

자크 기예르메와 헬렌 베랭(Jacques Guillerme and Helene Verin)
단면의 고고학(The Archaeology of Section)

단면

단면도는 사물을 수직으로 자른 것으로 가장 잘 이해된다. 평면에서 보이는 잘린 부분과 마찬가지로 절단되는 부분은 굵은 윤곽선 또는 내부가 채워진 형태로 표시된다. 이러한 부분에는 벽뿐만 아니라 건물이 위치한 바닥, 지붕 및 대지도 포함된다. 도면의 축척이나 단면의 목적에 따라 절단된 부분은 더 크거나 더 작은 축척의 디테일로 표현될 수 있다.

시선의 방향

단면 생성 A-A

단면 A-A

단면 A-A
(북측을 보다)

단면 A-A
(남측을 보다)

단면

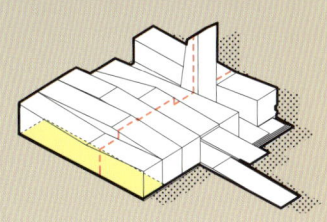

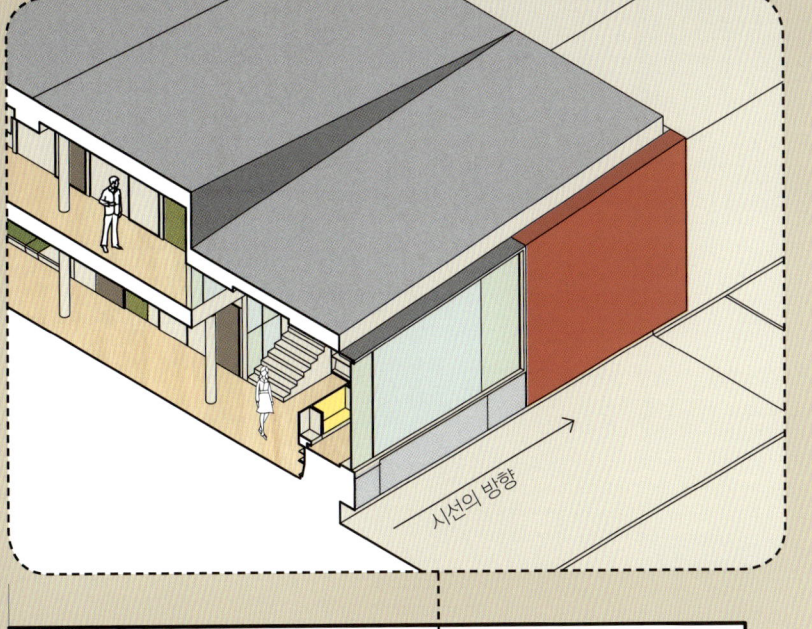

건물을 잘 설명하려면 많은 단면도가 필요하며, 일반적으로 건물을 적절하게 문서로 표현하기 위해서는 여러 개의 가로 및 세로 방향으로의 단면도가 필요하다. 건물의 단면도는 공간적으로 중요한 영역을 통과할 때 가장 유용하다(화장실이나 복도보다는 물론 이러한 공간도 문서화가 잘 이루어져야 하지만).

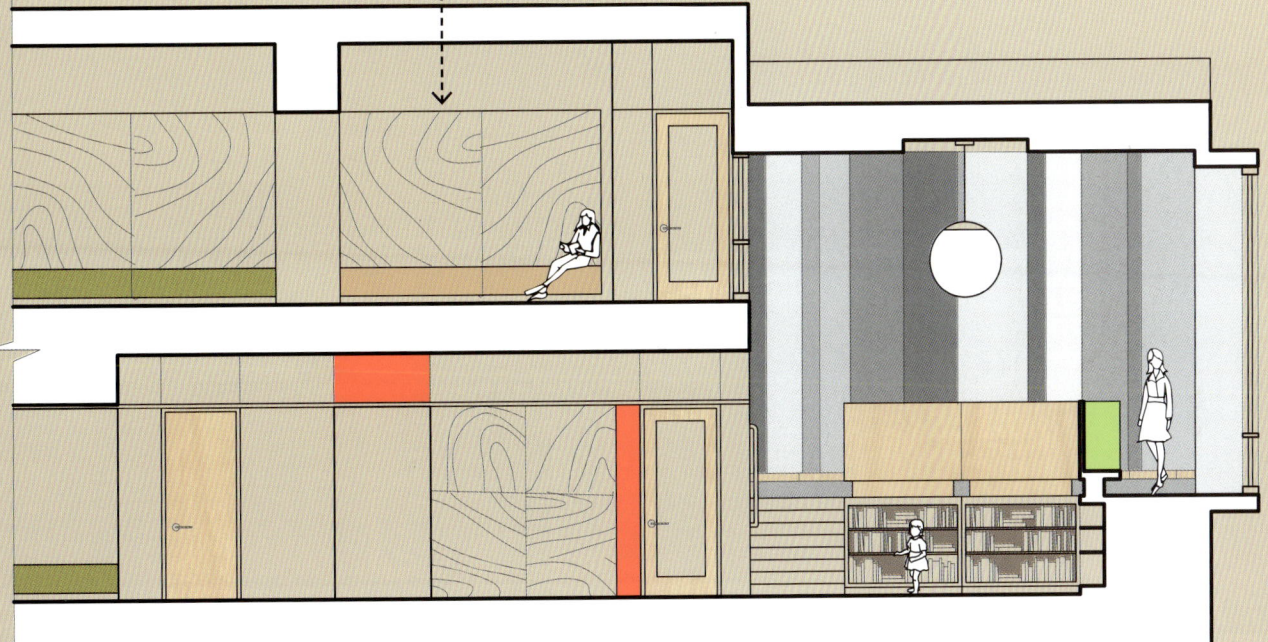

단면 A-A
(남측을 보다)

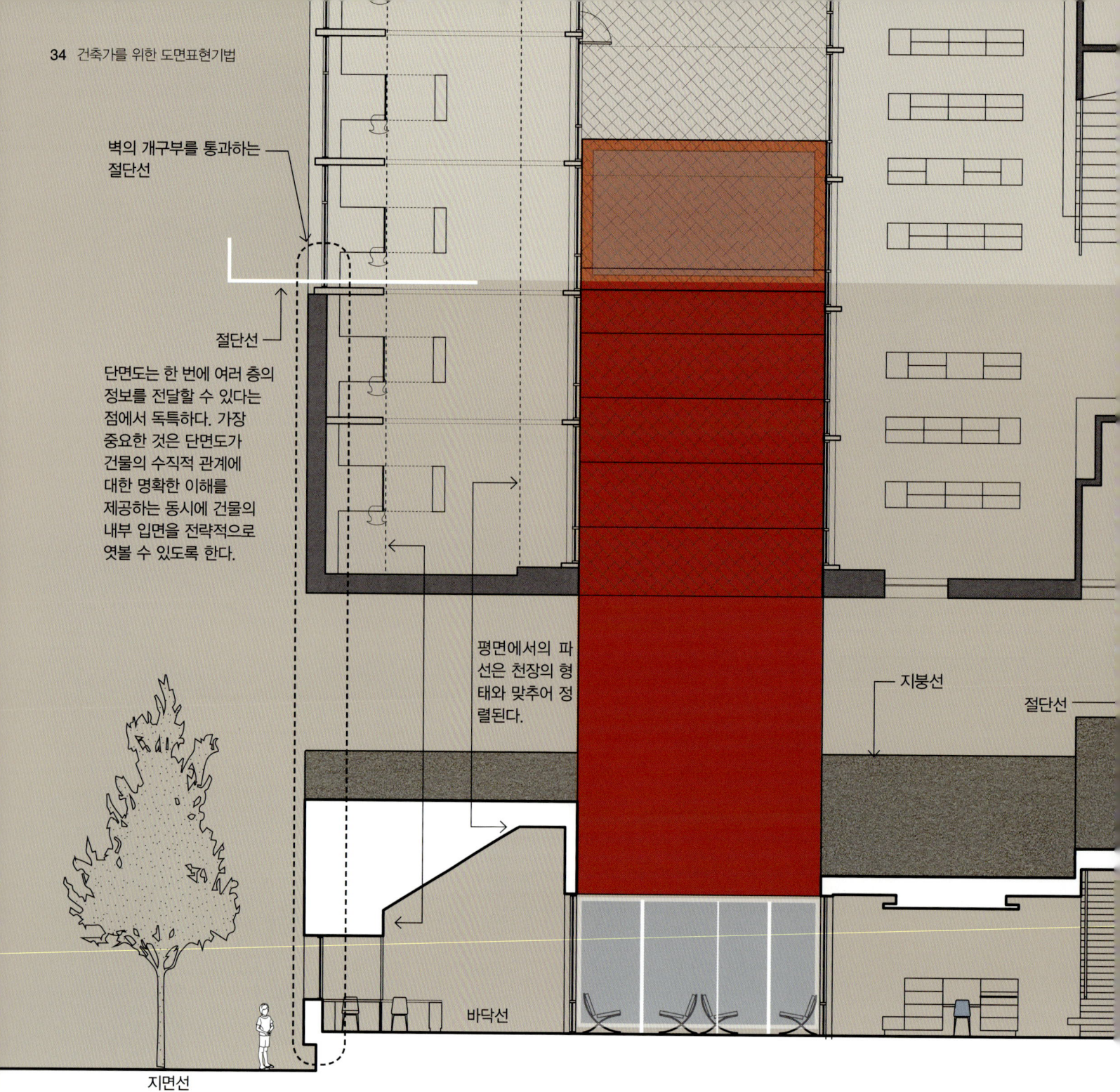

평면과 대응하는 건물 단면

01 투영도 유형 35

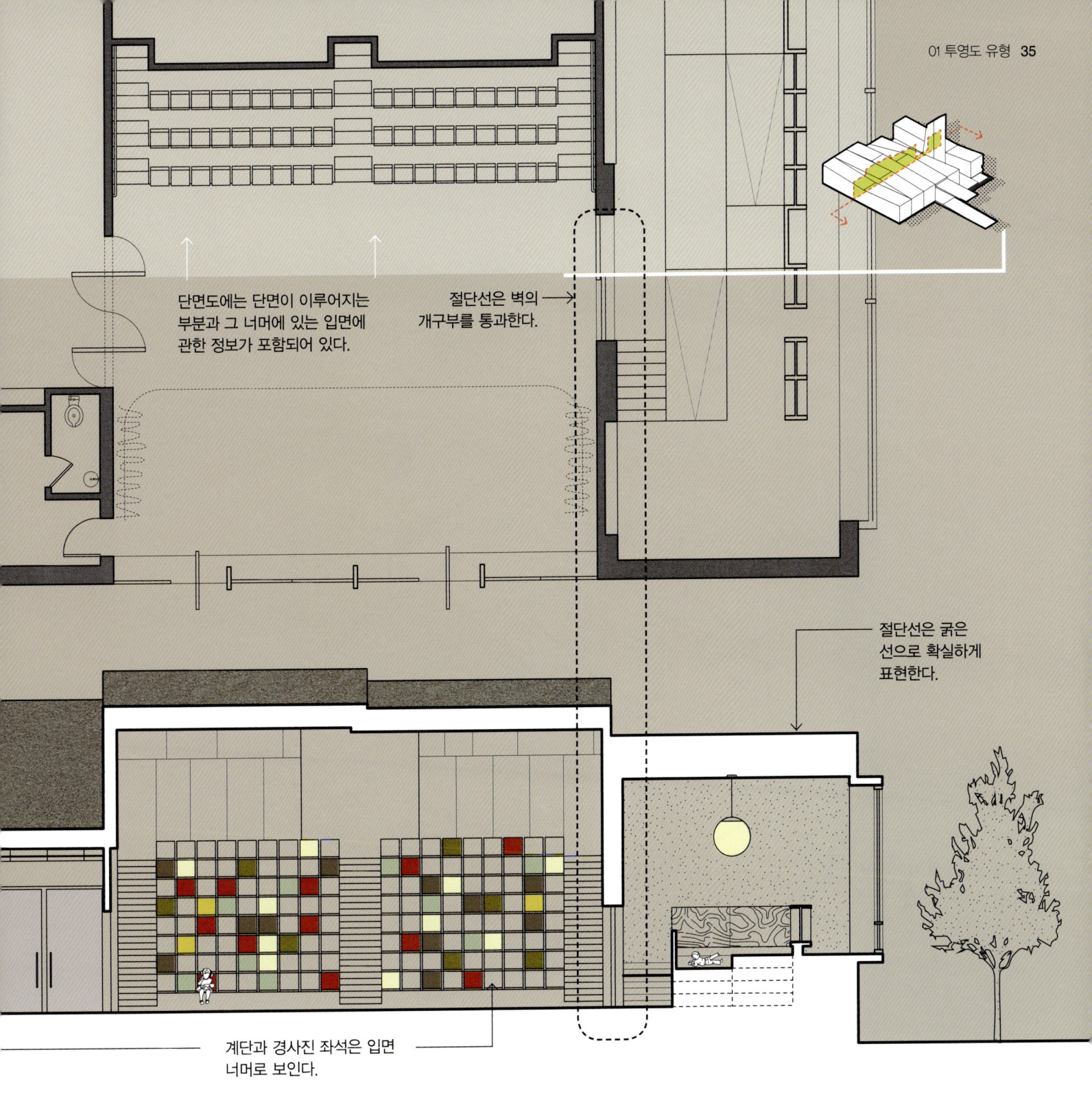

단면도에는 단면이 이루어지는 부분과 그 너머에 있는 입면에 관한 정보가 포함되어 있다.

절단선은 벽의 개구부를 통과한다.

절단선은 굵은 선으로 확실하게 표현한다.

계단과 경사진 좌석은 입면 너머로 보인다.

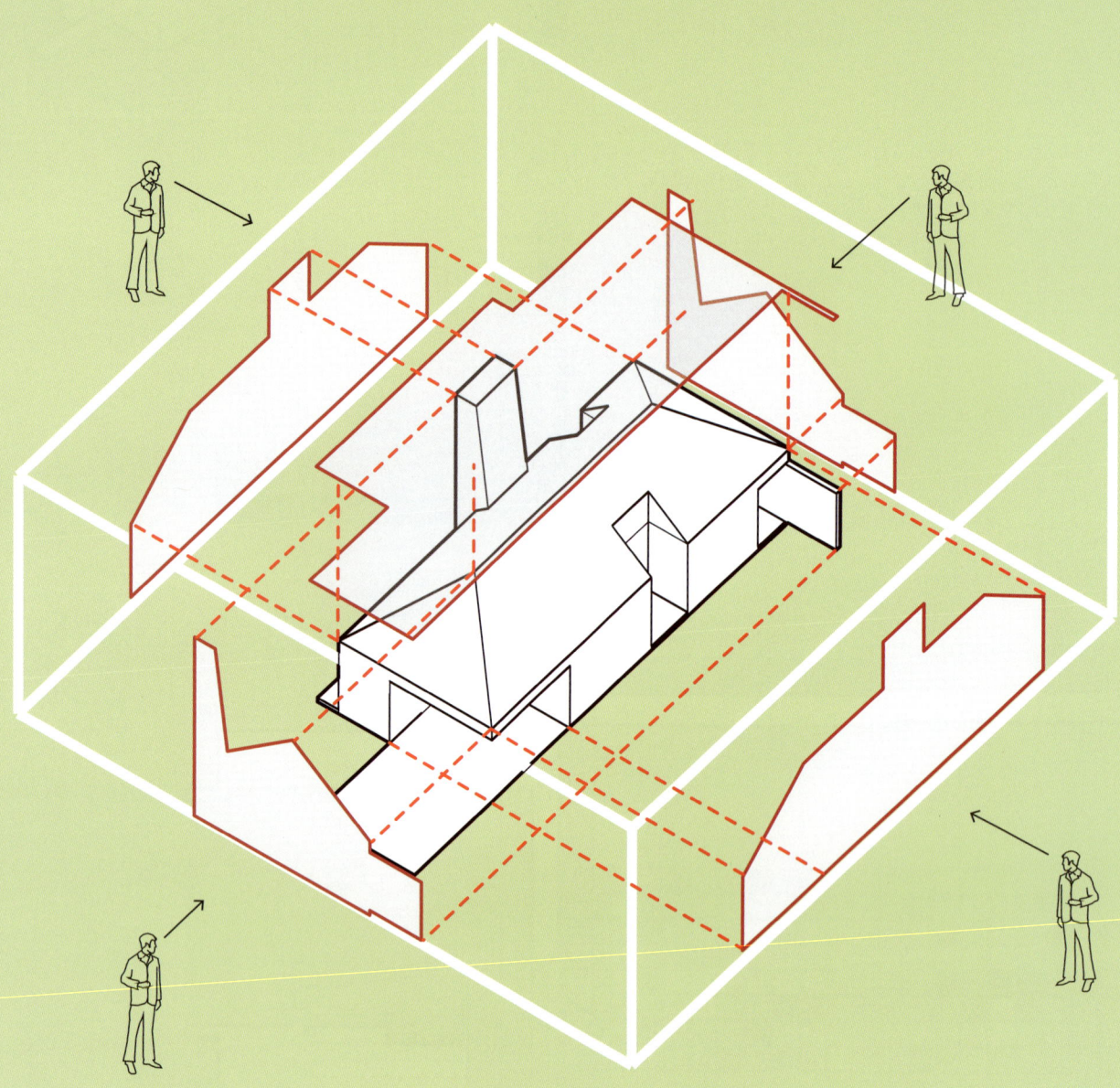

입면

건축가는 평면도에서 투영된 선을 취하여 그 선을 변경하지 않고 실제 각도를 유지하며 계산된 기준에 따라 각 입면과 측면의 범위와 모양을 드러낸다. 그리고 자기 작품이 기만적인 외관이 아닌, 계산된 기준에 따라 평가되기를 바라는 사람이다.

레온 바티스타 알베르티(Leon Battista Alberti)
건축기술십서 중에서(On the Art of Building in Ten Books)

입면 투영

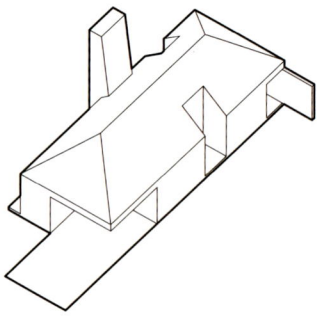

① 사물

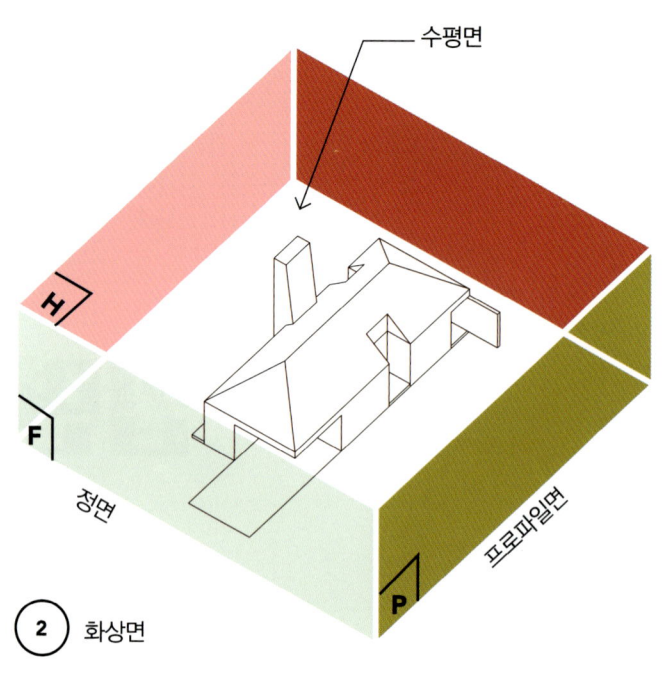

② 화상면

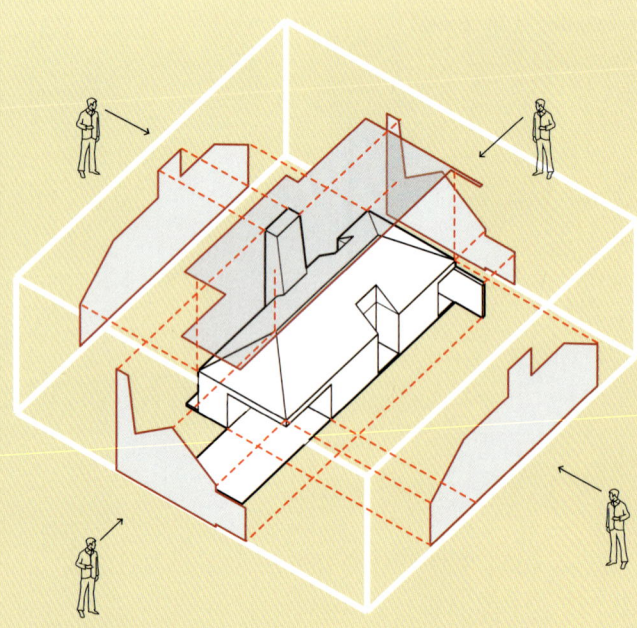

③ 투영선

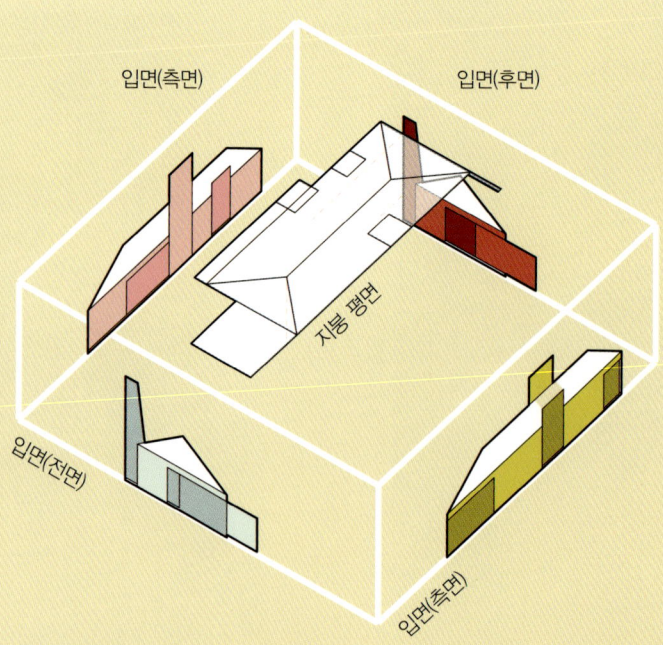

④ 입면 및 지붕 평면

입면

정투영법은 뷰에 포함된 축에 상관없이 사물의 축척을 정확하게 묘사한다. 이러한 도면은 길이와 각도를 묘사하는 데 있어 정확하다.
멀티 뷰 도면은 두 개 이상의 평면과 서로 간의 관계를 표시할 수 있는 평행선 또는 투시도와 달리, 한 사물의 3차원 특성을 설명한다.

화상면PP, Picture Plane은 3차원 사물의 형태를 2차원의 평면으로 표현한 것이다.
수평면은 지면과 평행하고, **정면** 및 **측면**은 모두 수평면과 수직이고, 서로에게도 수직이다.
투영선을 통해 사물의 지붕 및 측면이 각각의 화상면에 대해 '축소'되어 보일 수 있다.

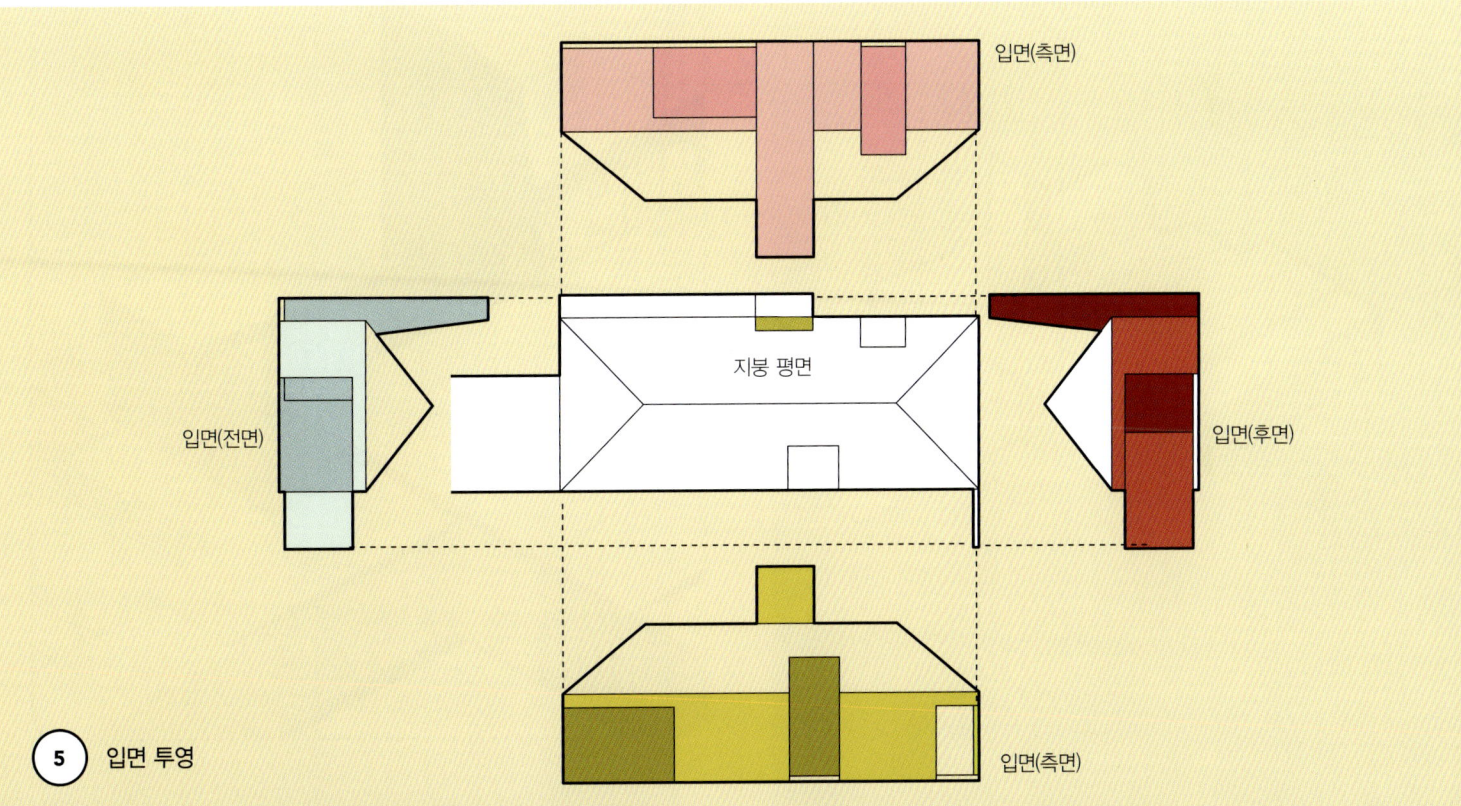

5 입면 투영

입면 정보

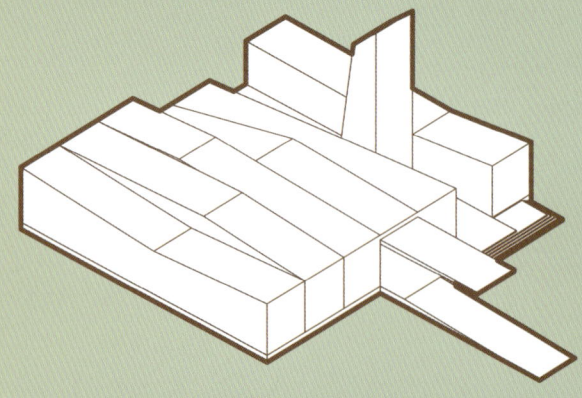

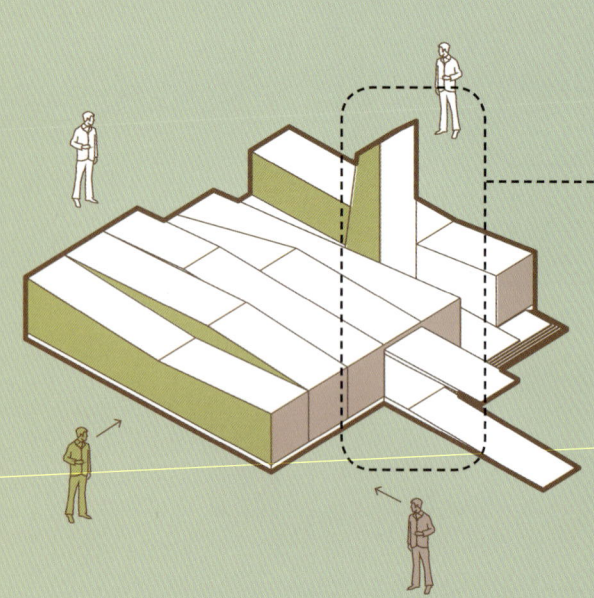

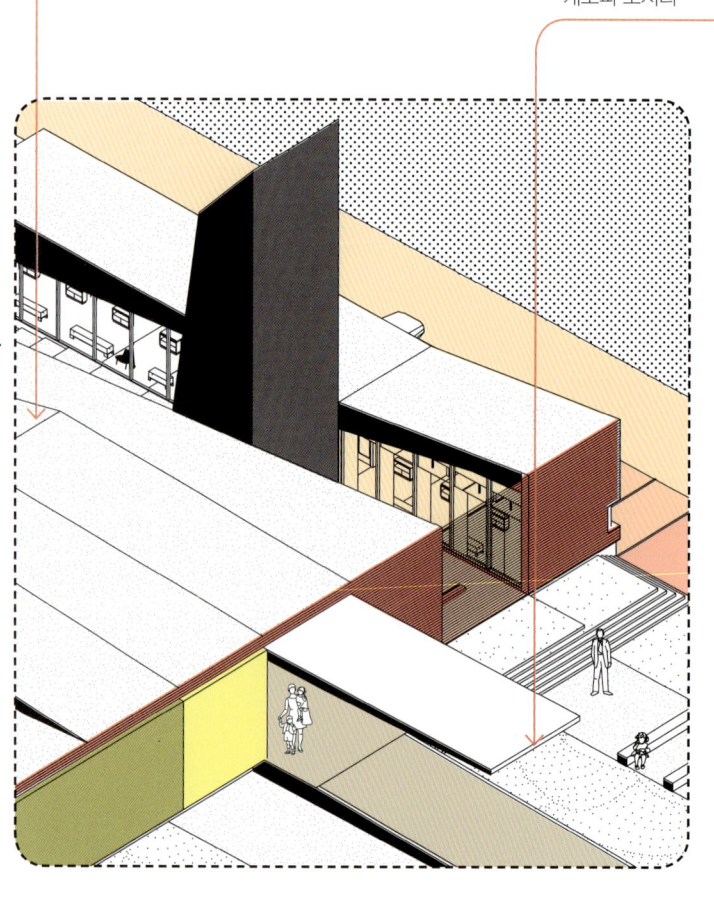

접힌 지붕의 가장 높은 모서리

캐노피 모서리

입면

건물의 입면은 수직면 또는 파사드의 투영이다. 외부 입면은 지면에서 지붕까지 건물의 외피를 묘사한다. 입면 투영은 화상면과 교차하지 않으므로 절단면은 존재하지 않는다. 하지만 단면도에서 절단면 너머로 보이는 부분의 경우, 전체 입면을 포함한 많은 입면 정보를 제공한다.

내부 및 외부 모든 입면은 창, 문 및 재료를 포함한 건물 입면의 중요한 정보를 포함한다.
모든 정투영법과 마찬가지로, 선의 두께 및 기타 그래픽 표시는 입면의 기술적 측면을 정확하게 표현하는 데 중요하다. 그럼에도 불구하고 깊이를 표현하는 문제는 입면 공간에 대한 3차원적 이해를 촉진하는 그림자 표현 기술을 사용하지 않고서는 묘사하기 어려울 수 있다.

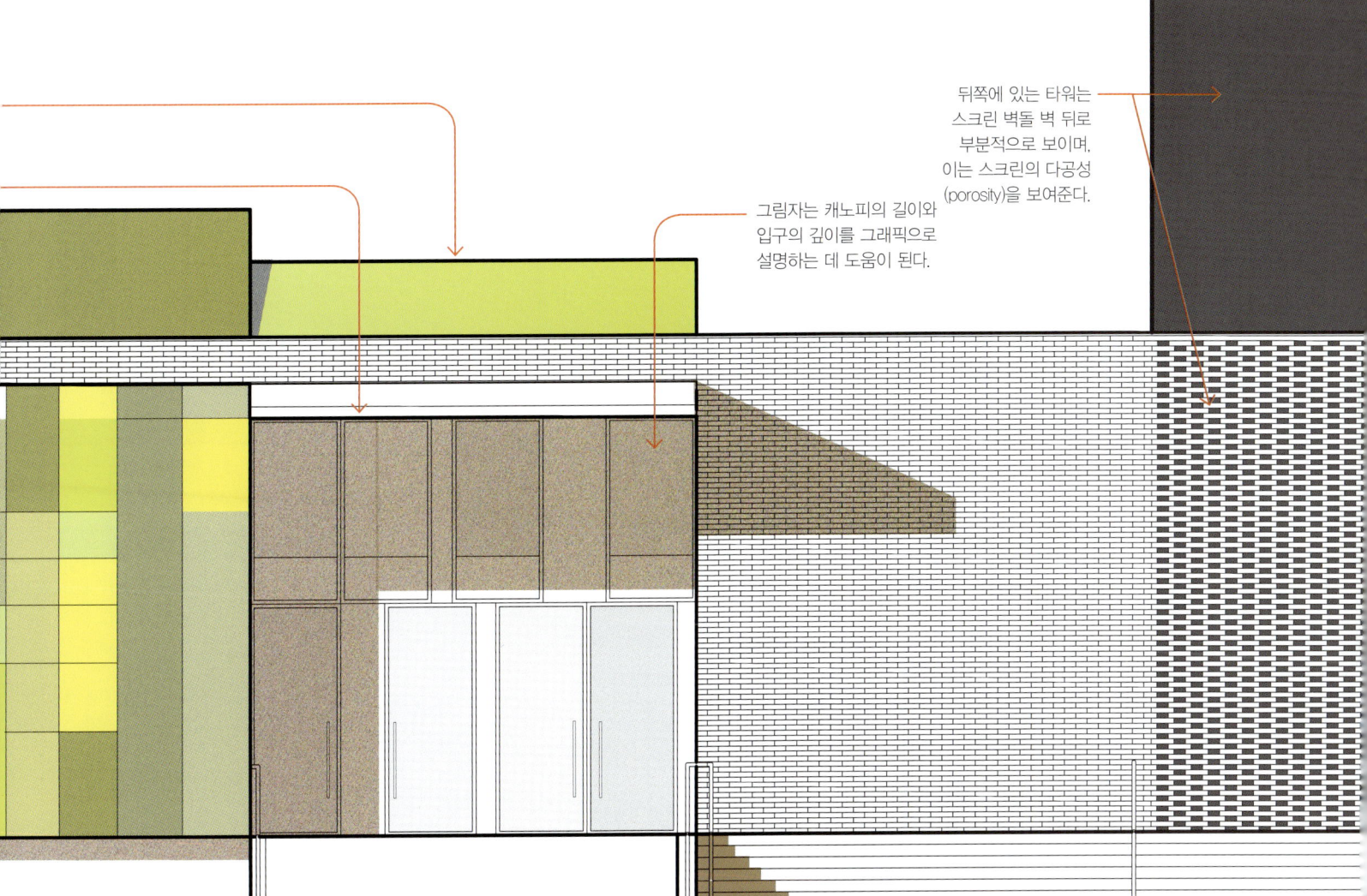

뒤쪽에 있는 타워는 스크린 벽돌 벽 뒤로 부분적으로 보이며, 이는 스크린의 다공성(porosity)을 보여준다.

그림자는 캐노피의 길이와 입구의 깊이를 그래픽으로 설명하는 데 도움이 된다.

지면선

원래 입면이 지닌 평면성에도 불구하고, 입면이 평평하게 느껴질 필요는 없다. 건물의 성격과 성향에 대한 많은 부분은 색상, 패턴, 톤, 질감, 그림자, 물성 및 맥락을 통해 전달될 수 있다.

01 투영도 유형 43

입면

내부 입면도

내부 입면도는 내부 공간의 벽을 묘사한다. 내부 입면도는 단면도의 일부가 되거나 바닥에서 천장까지 이어지는 독립적인 도면이 될 수 있다.

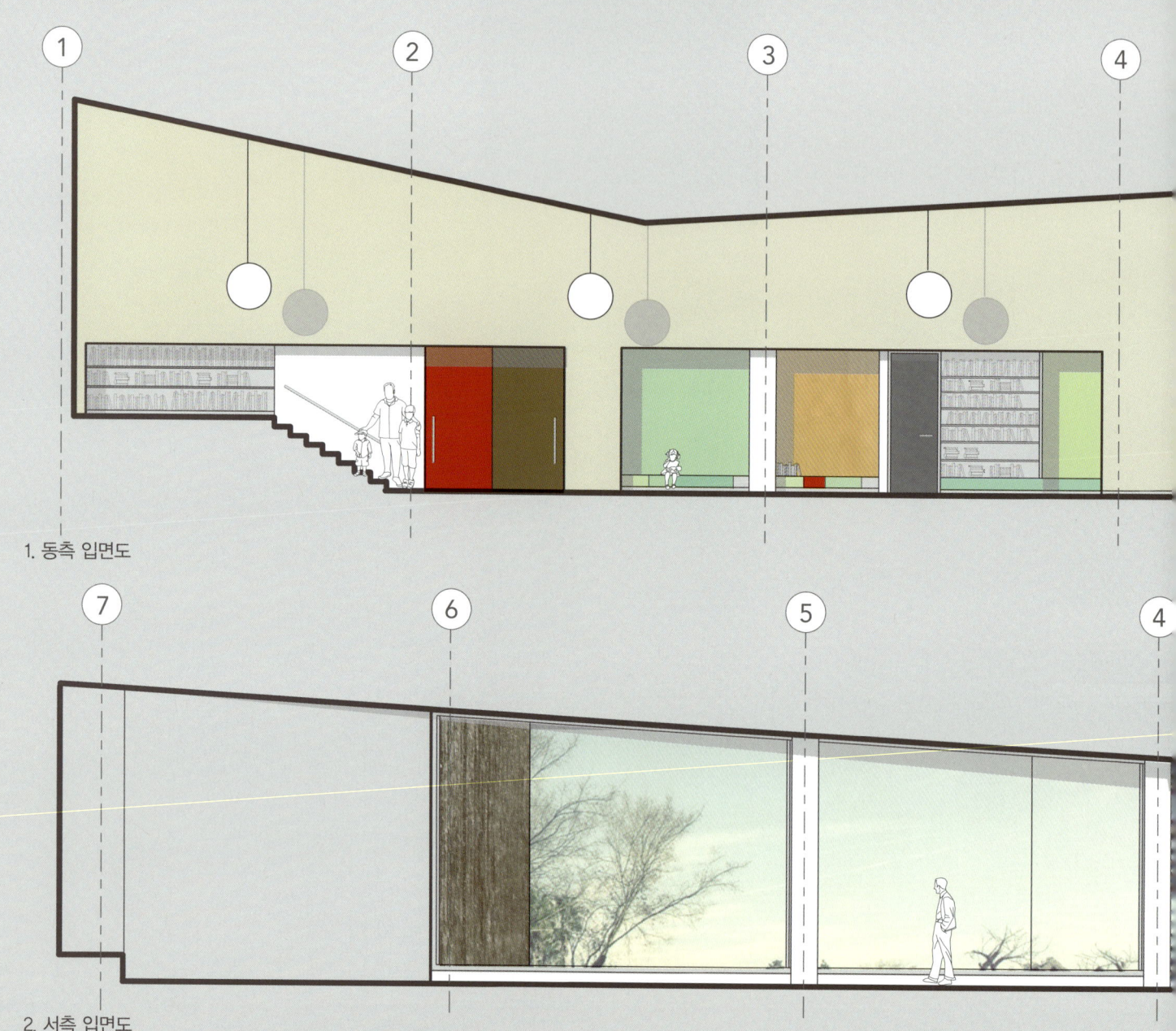

1. 동측 입면도

2. 서측 입면도

01 투영도 유형　45

입면

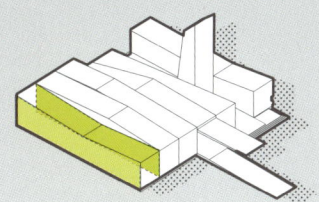

⑤　　　　　　　　　　⑥　　　　　　　　　　⑦

EL. 7' 0"

EL. 3' 0"

③　　　　　　　　　　②　　　　　　　　　　①

EL. 7' 0"

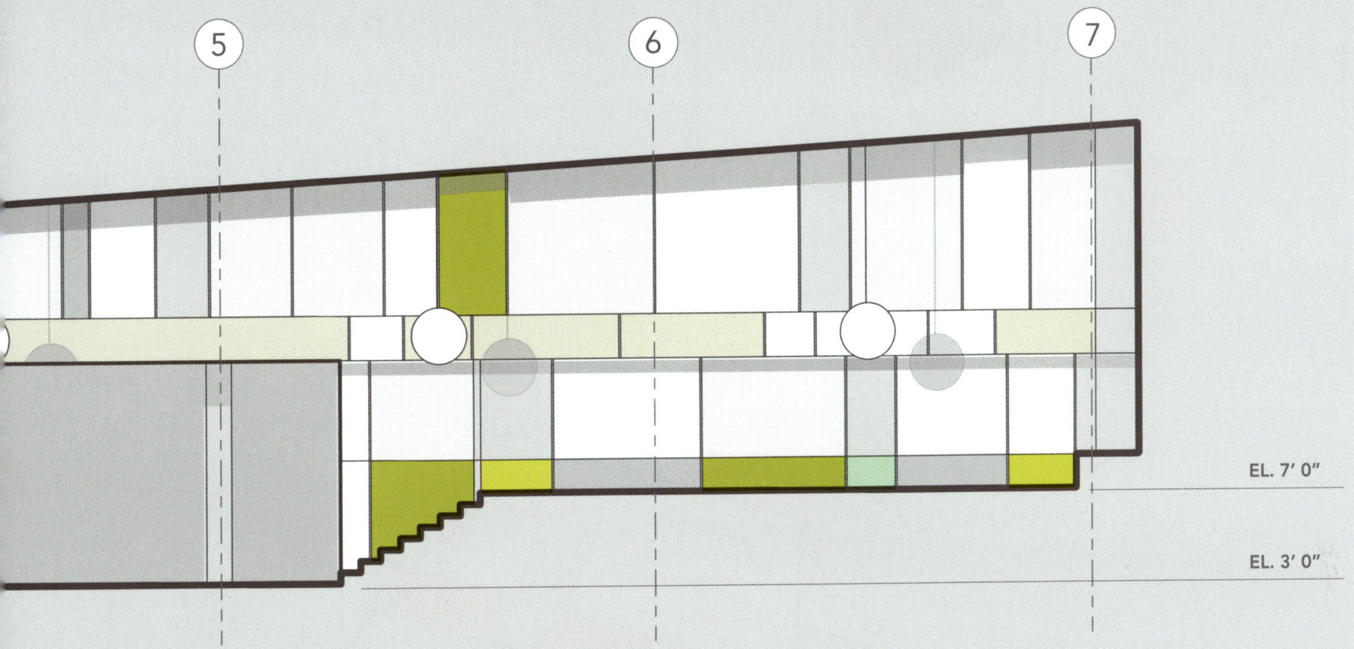

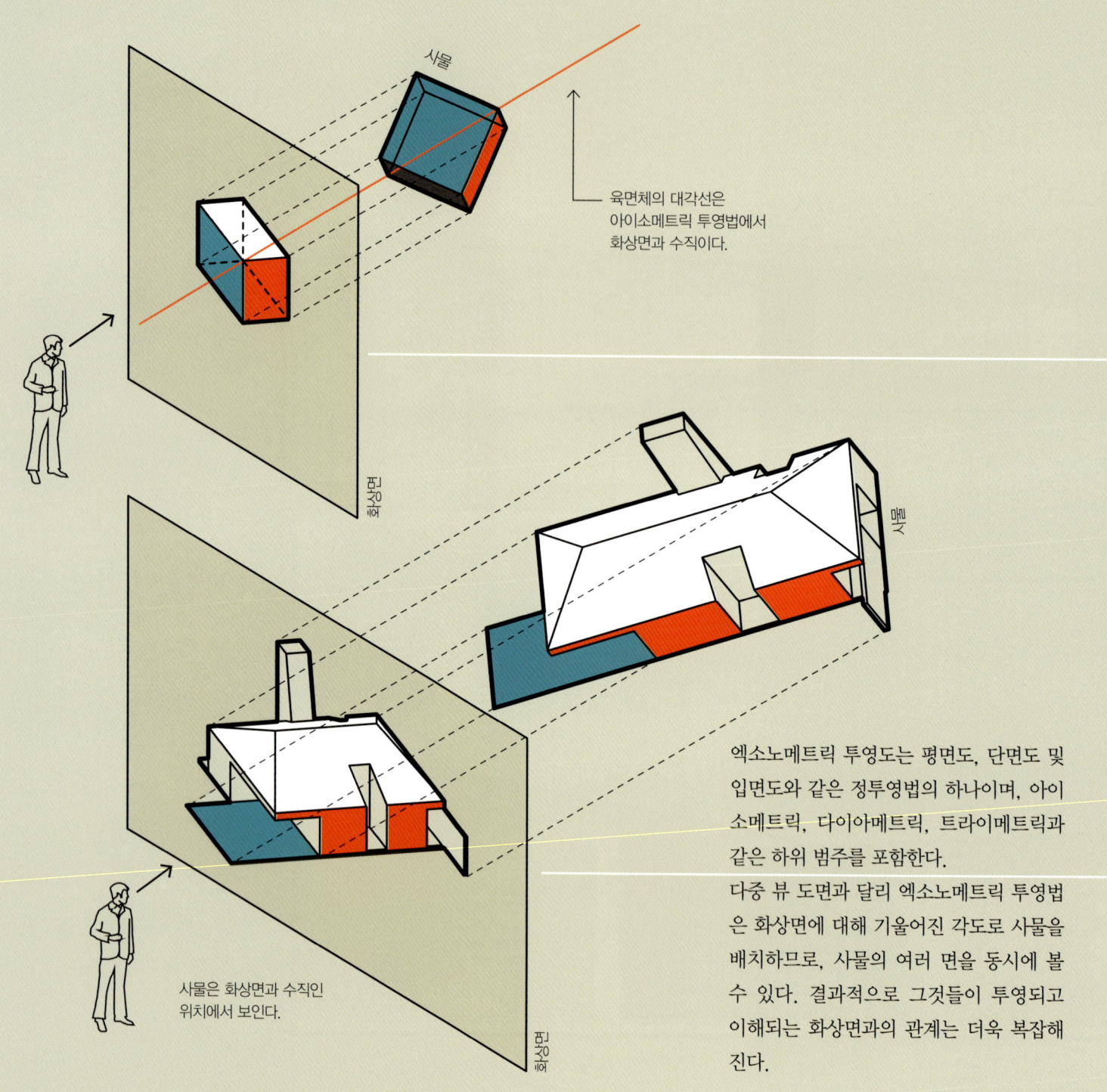

육면체의 대각선은 아이소메트릭 투영법에서 화상면과 수직이다.

사물은 화상면과 수직인 위치에서 보인다.

엑소노메트릭 투영도는 평면도, 단면도 및 입면도와 같은 정투영법의 하나이며, 아이소메트릭, 다이아메트릭, 트라이메트릭과 같은 하위 범주를 포함한다.
다중 뷰 도면과 달리 엑소노메트릭 투영법은 화상면에 대해 기울어진 각도로 사물을 배치하므로, 사물의 여러 면을 동시에 볼 수 있다. 결과적으로 그것들이 투영되고 이해되는 화상면과의 관계는 더욱 복잡해진다.

엑소노메트릭

아이소메트릭 그림이 **그려지거나 투영되었는지**에 따라 가장자리 길이가 달라진다. 아이소메트릭 그림이 작성되면 X, Y 및 Z축을 따라 축척이 정확하게 표현되며, 그에 따라 3차원으로 구축될 수 있다. 이러한 투영법을 통해 축척은 실제 길이보다 짧게 표현된다.

엑소노메트릭

엑소노메트릭 도면은 평면·입면·단면의 축척을 유지하면서 3차원의 공간을 신속하게 나타내는 방법의 하나로서, 투시도와 정투영법 사이의 위치를 차지하고 있다.

로빈 에반스(Robin Evans)
투영 캐스트: 건축과 세 가지 기하학
(The Projective Cast: Architecture and Its Three Geometries)

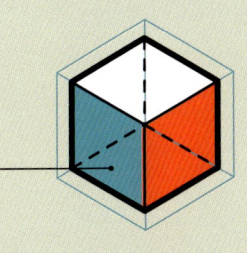

투영: 수평면 및 정면의 면에 의해 매개되는 평면 및 입면의 직접적인 투영으로서, 투영도가 구축된다.

그리기: 축척에 맞추어진 주축을 따라 측정을 통해 투상도가 생성된다.

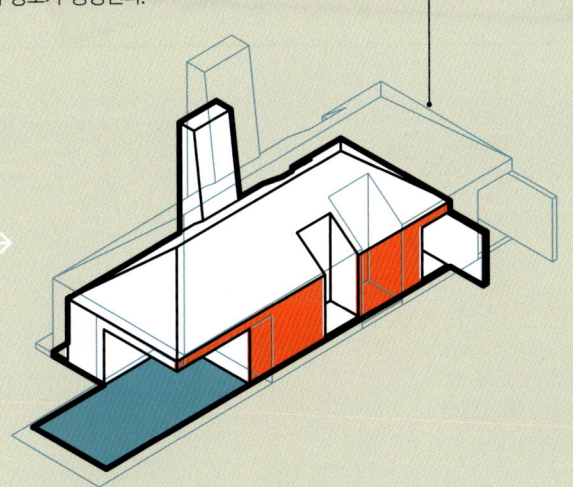

엑소노메트릭

세 가지 유형의 엑소노메트릭 투영의 차이점이 여기에 설명되어 있다. 이러한 시야를 손으로 그리거나 보다 일반적으로 투영할 때 원하는 3차원 이미지를 설정하고 작성하기 위해서는 각도의 변화와 3개의 주요 축(X, Y 및 Z축)의 그래픽 정보의 비례를 통한 길이를 이해하는 것이 매우 중요하다.

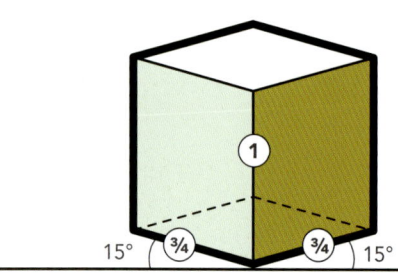

아이소메트릭 도면(Isometric drawings): 세 개의 주축을 화상면과 30° 각도로 배치하여 생성되며, 각 축에서의 길이는 동일하다.

아이소(ISOS) = 동일(equality)
메트론(METRON) = 측정(measure)

아이소메트릭 도면

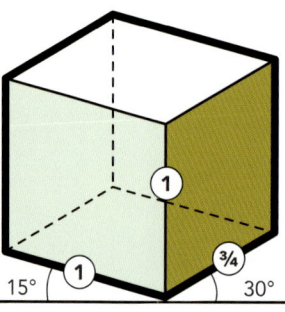
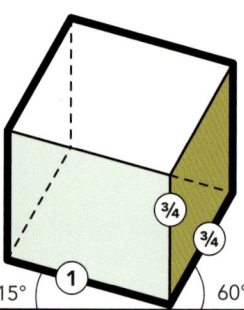

다이메트릭 도면

다이메트릭 도면(Dimetric drawings): 세 개의 주요 축 중 두 개는 동일한 축척으로 구성된다 (전체 축척 또는 전체 축척과 동일한 비율). X축과 Y축의 각도는 다를 수 있다.

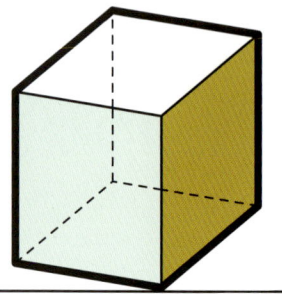

트라이메트릭 도면(Trimetric drawings): 세 개의 축 모두 축척이 다양하고 다른 비율로 축소되며, 화상면에 대한 사물의 각도도 다양하다.

트라이메트릭 도면

01 투영도 유형　49

엑소노메트릭

디지털 모델링을 사용하면, 유사한 엑소노메트릭 시야 설정을 간편하게 설정할 수 있으므로, 유사한 도면을 작업하고 제작하기 위해 직접 손으로 작성할 필요가 거의 없어졌다.

매스 아이소메트릭

건물의 매스는 전체적인 형태, 크기 및 상대적인 배치를 보여준다. 아이소메트릭은 건물의 매스 작업을 다양한 축척 및 상세 수준으로 나타낼 때 특히 유용하다.

엑소노메트릭 다이어그램
3차원 다이어그램

한 번에 세 개의 면을 제시할 수 있으므로, 엑소노메트릭은 고유한 전지적 시점을 제공한다. 따라서 이해하기 쉬운 3차원 표현을 통해 복잡한 관계를 정제하여 표현할 수 있는 다이어그램에서 매우 유용하다.

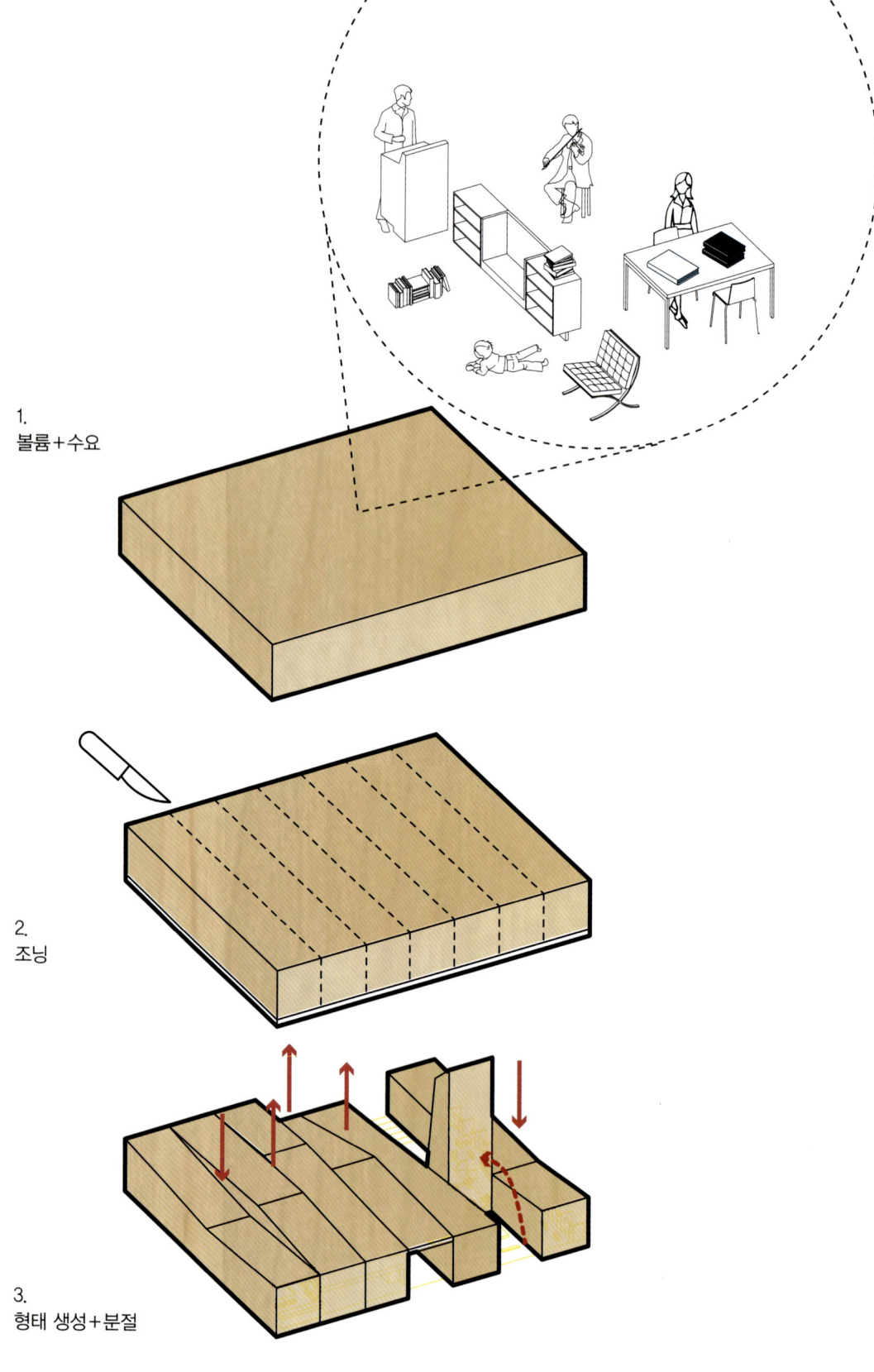

1. 볼륨+수요

2. 조닝

3. 형태 생성+분절

01 투영도 유형 51

엑소노메트릭

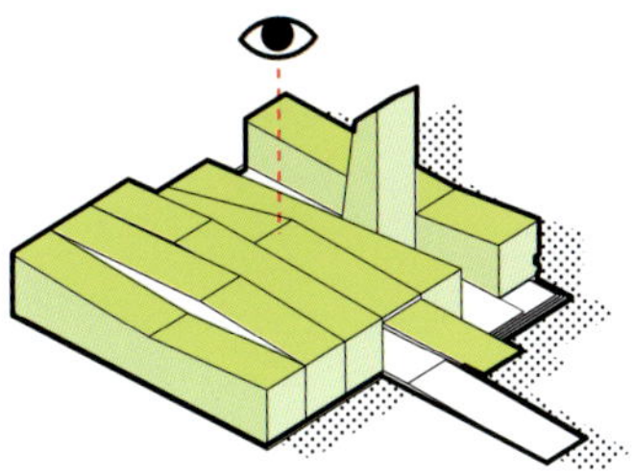

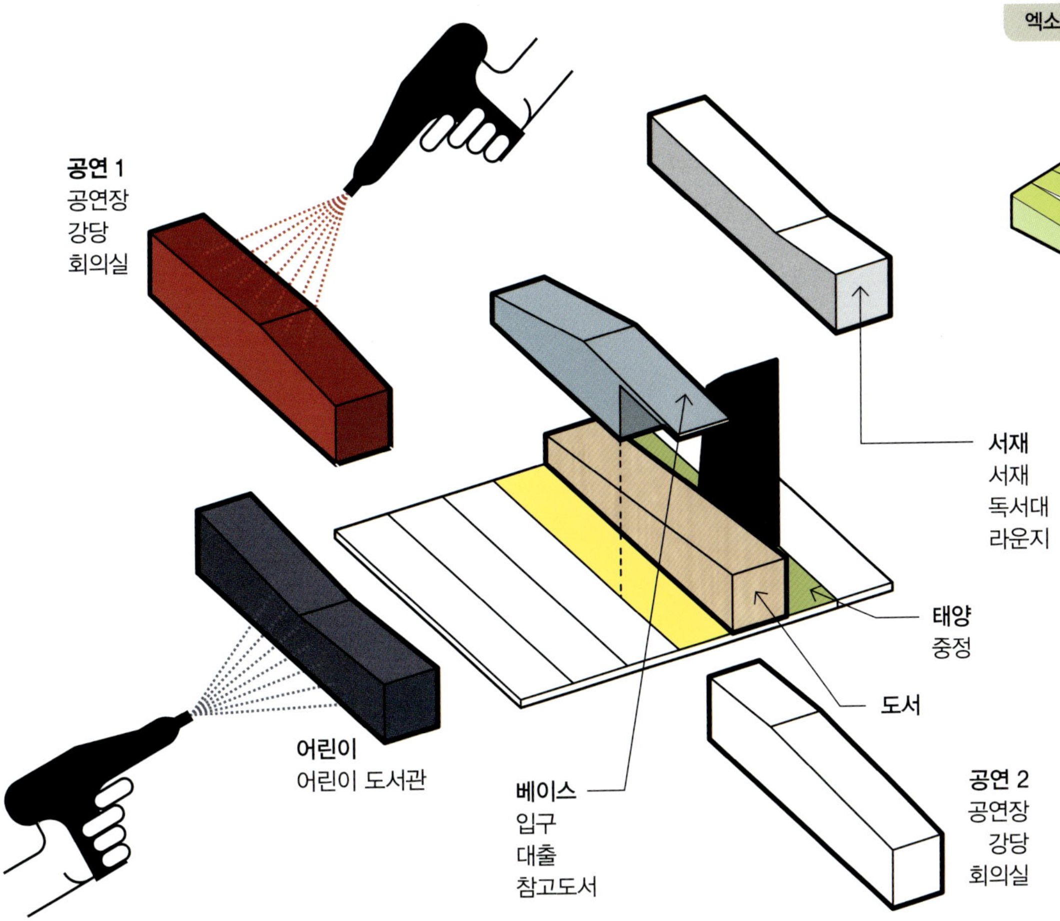

공연 1
공연장
강당
회의실

서재
서재
독서대
라운지

태양
중정

어린이
어린이 도서관

베이스
입구
대출
참고도서

도서

공연 2
공연장
강당
회의실

4.
조닝 아이덴터티

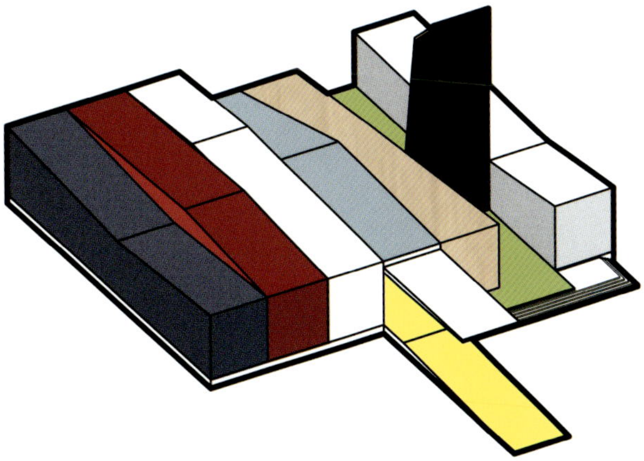

5.
부분에서 전체로

분해도(Exploded views)

엑소노메트릭 시야는 또한 시각적으로 설명하는 수단으로, 분해된 형식으로 제시하는 데 매우 적합하다. 분해도는 조립, 시공 및 구성의 관계를 시각적으로 설명하기 위해 건물 전체의 구성 요소를 분해해서 제시한다. 건물의 프로그래밍 정체성과 인접한 관계를 다이어그램을 통해 더욱 폭넓게 이해할 수 있다.

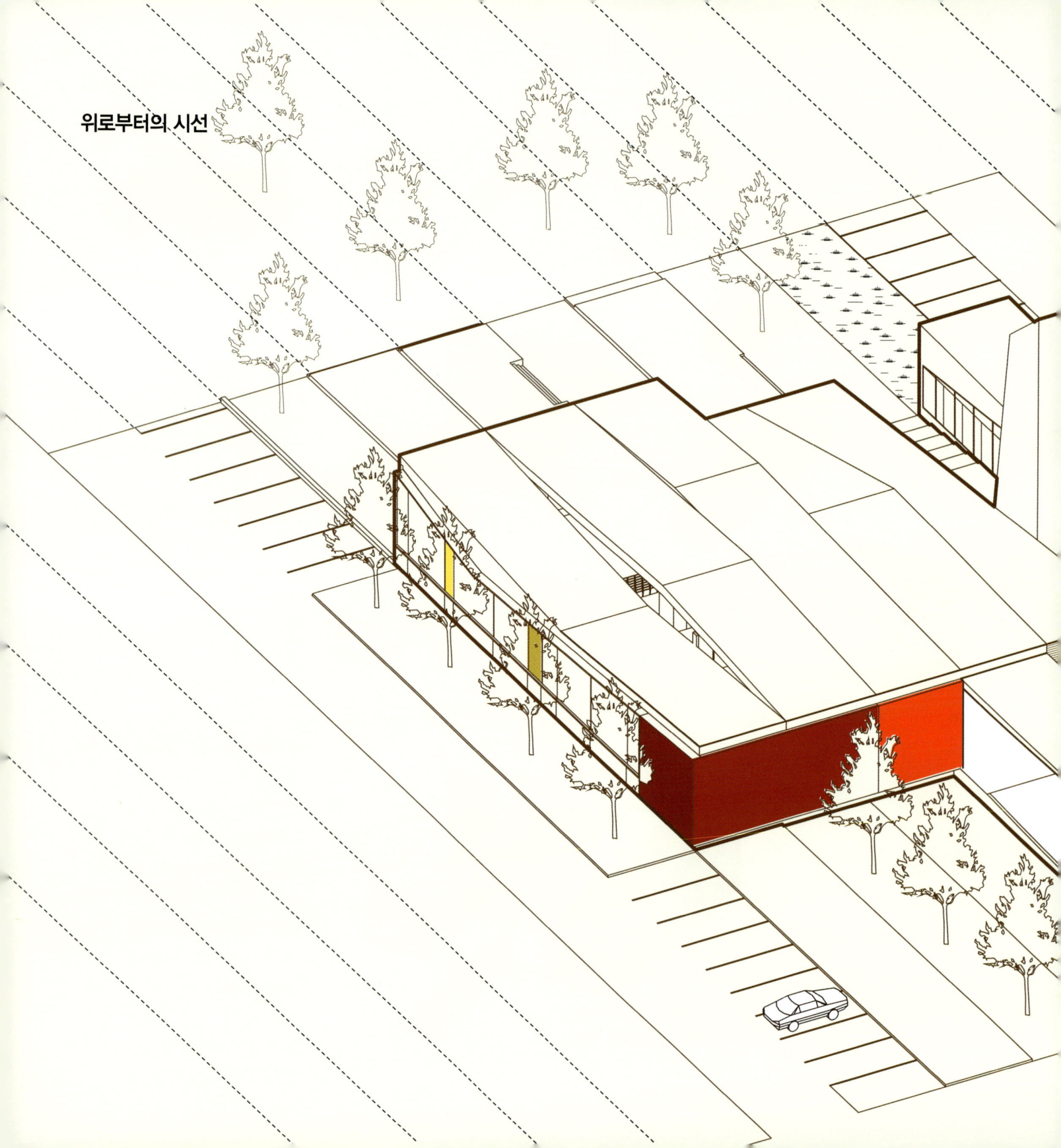
위로부터의 시선

01 투영도 유형 53

엑소노메트릭

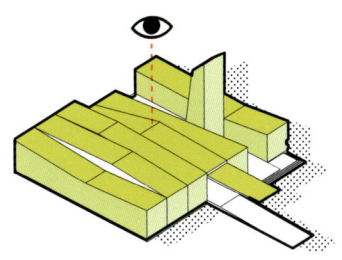

조감 엑소노메트릭
위에서 내려다보는 엑소노메트릭은 공중 뷰, 오버헤드 또는 조감도라고 명명할 수 있다. 엑소노메트릭에는 세 개의 면이 항상 존재하므로, 이러한 시야는 사물의 위쪽과 양 측면 간의 관계를 설명한다.

고립된 엑소노메트릭 시야

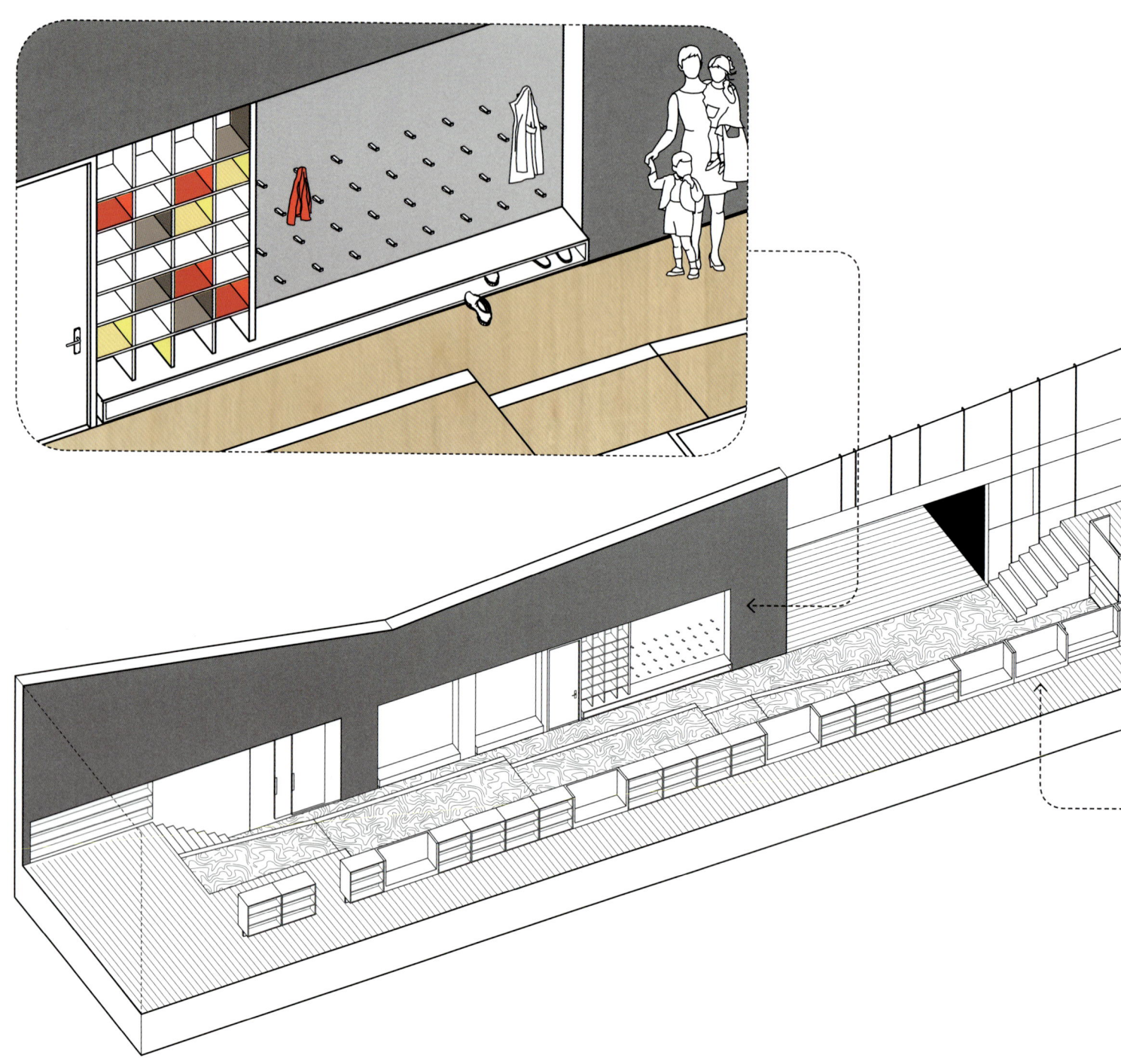

평면 및 입면 빗각 투영

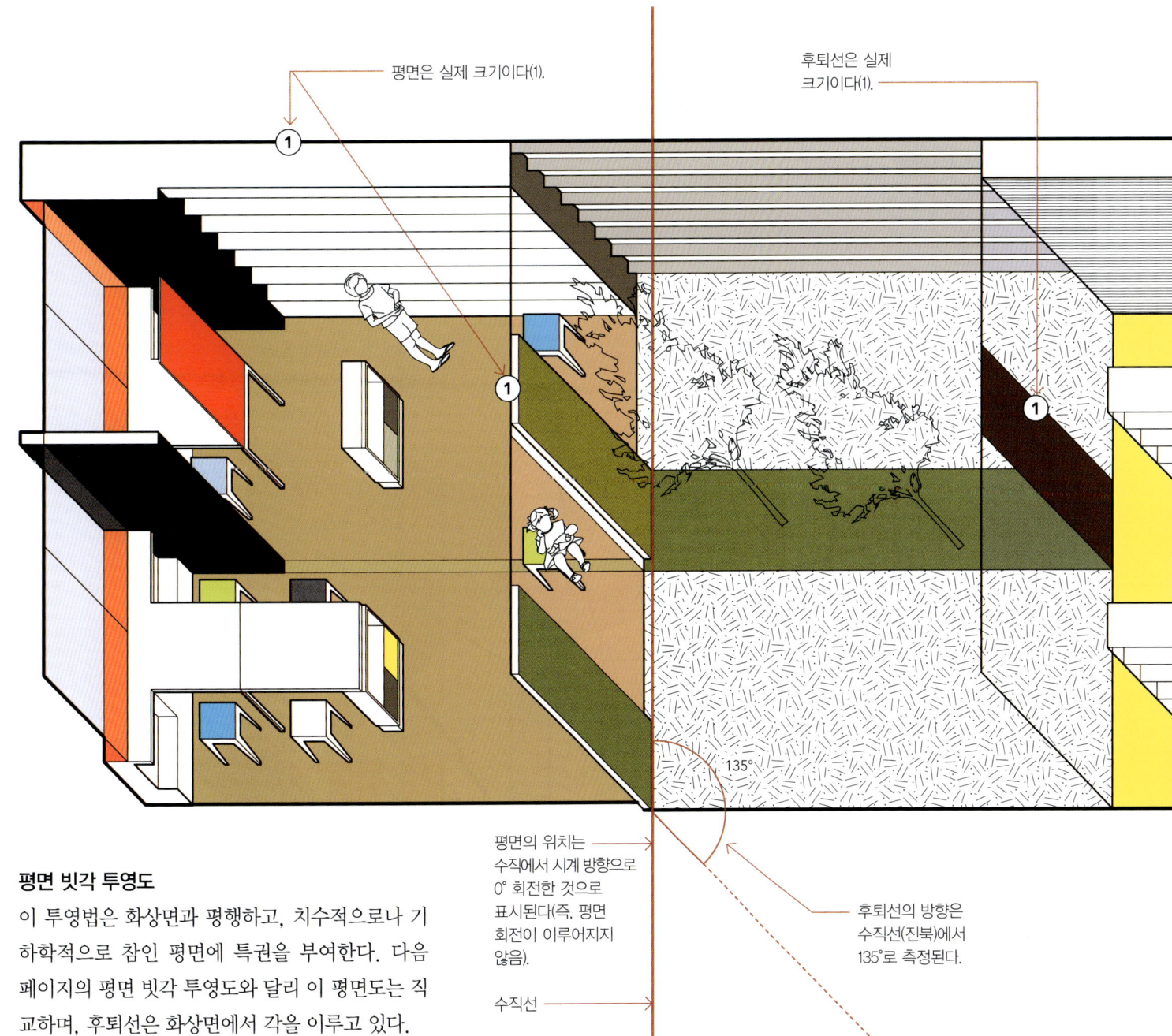

평면은 실제 크기이다(1).

후퇴선은 실제 크기이다(1).

평면의 위치는 수직에서 시계 방향으로 0° 회전한 것으로 표시된다(즉, 평면 회전이 이루어지지 않음).

수직선

후퇴선의 방향은 수직선(진북)에서 135°로 측정된다.

평면 빗각 투영도

이 투영법은 화상면과 평행하고, 치수적으로나 기하학적으로 참인 평면에 특권을 부여한다. 다음 페이지의 평면 빗각 투영도와 달리 이 평면도는 직교하며, 후퇴선은 화상면에서 각을 이루고 있다.

01 투영도 유형 **61**

빗각

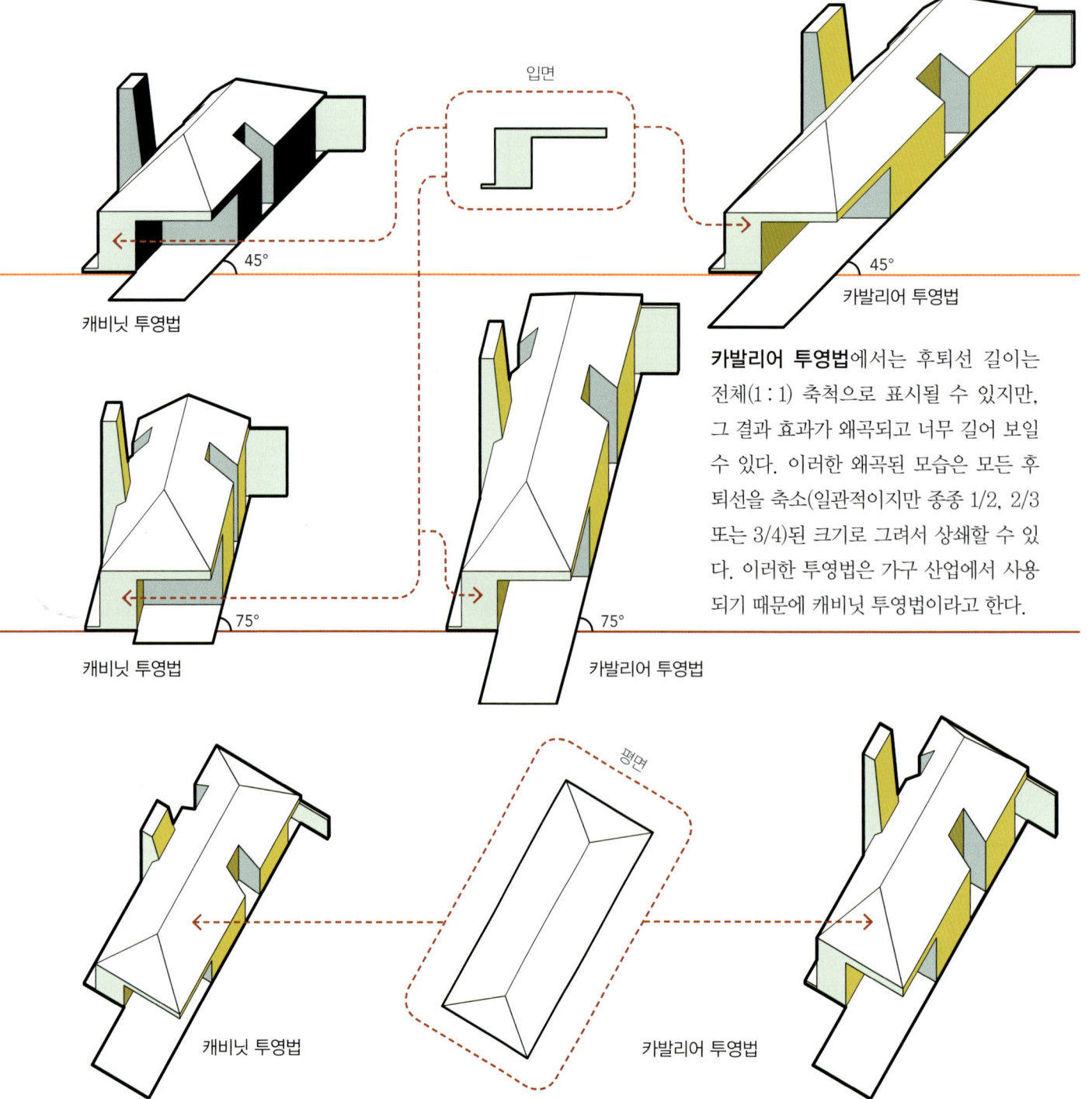

카발리어 투영법에서는 후퇴선 길이는 전체(1:1) 축척으로 표시될 수 있지만, 그 결과 효과가 왜곡되고 너무 길어 보일 수 있다. 이러한 왜곡된 모습은 모든 후퇴선을 축소(일관적이지만 종종 1/2, 2/3 또는 3/4)된 크기로 그려서 상쇄할 수 있다. 이러한 투영법은 가구 산업에서 사용되기 때문에 캐비닛 투영법이라고 한다.

빗각

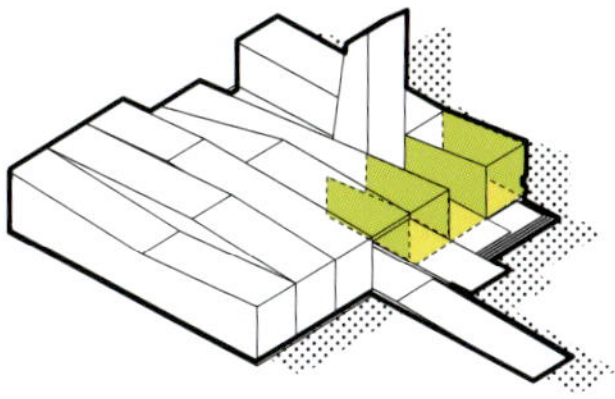

평면 빗각 투영도

다음 예시에서 평면은 수평에서 45°(또는 수직에서 315°)로 회전되지만, 평면도는 정확하고 화상면과 평행하다. 후퇴선은 평면도에서 위로 확장되며 수직으로 표현된다.

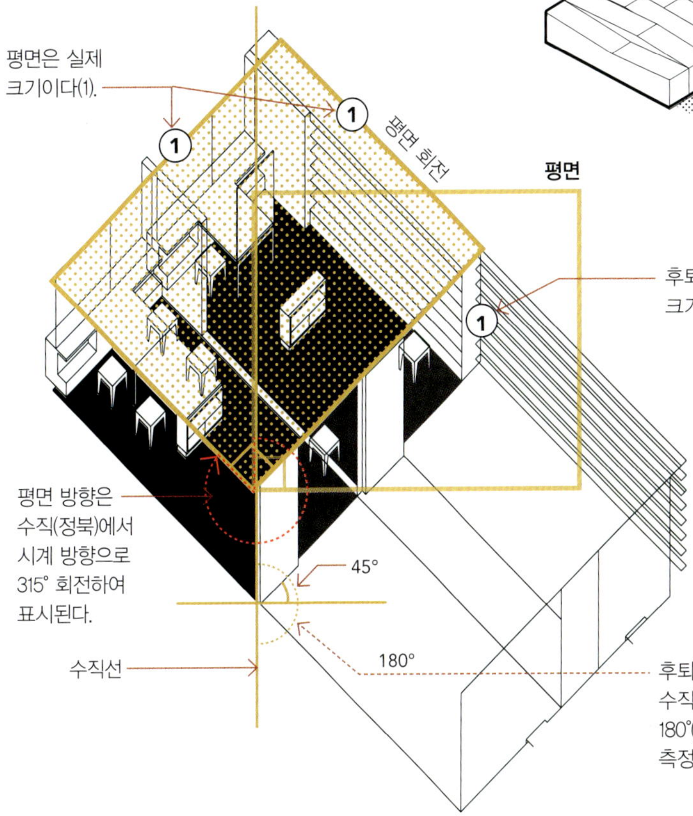

입면 빗각 투영도

여기서 입면은 화상면과 평행하고, 후퇴선은 수평에서 60° 각도로 작성된다. 왜곡을 최소화하기 위해, 후퇴선의 길이가 1/2인 캐비닛 투영법이 사용되었다.

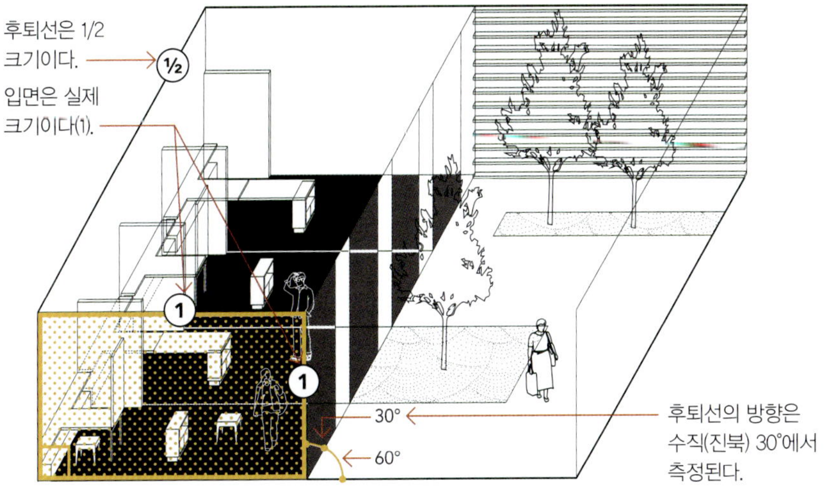

입면 빗각

입면 빗각은 건물 상단이 제거된 것처럼 평면 절단면과 쌍을 이룬다. 이렇게 하면 건물의 외관은 물론 내부도 볼 수 있다. 그 결과 서재, 중정, 서재 그리고 그것이 서로 어떻게 연관되어 있는지 파악할 수 있다.

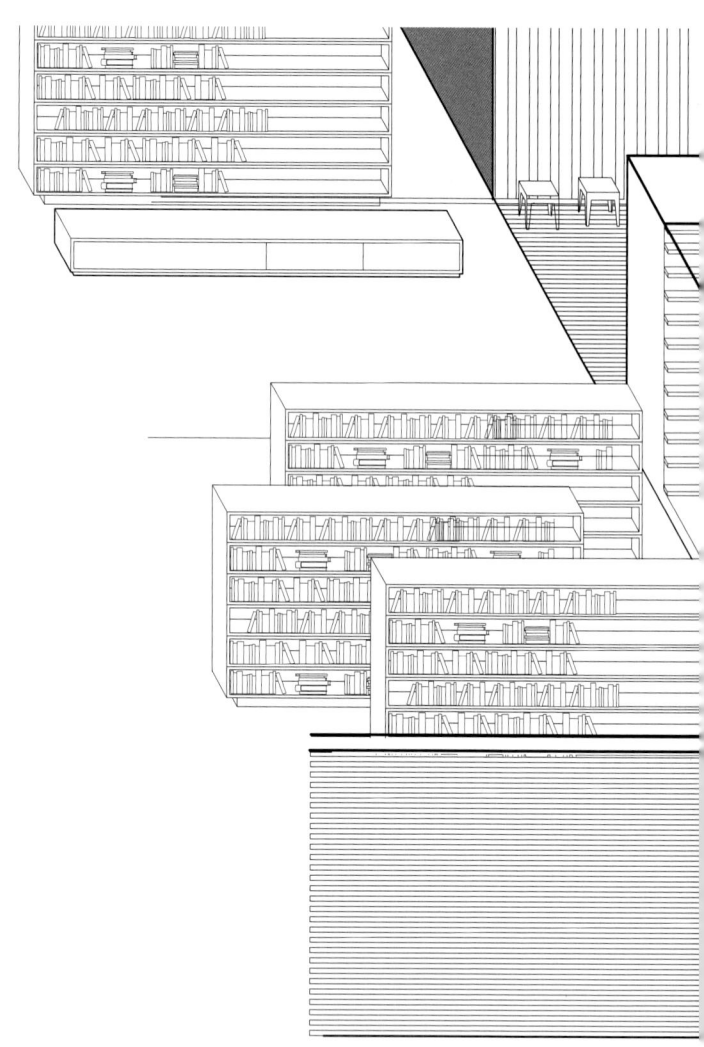
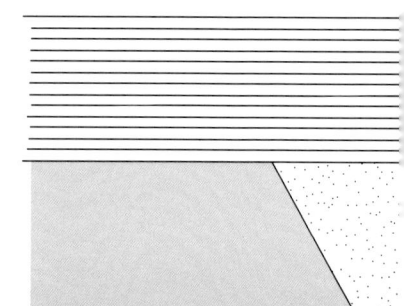

01 투영도 유형 65

빗각

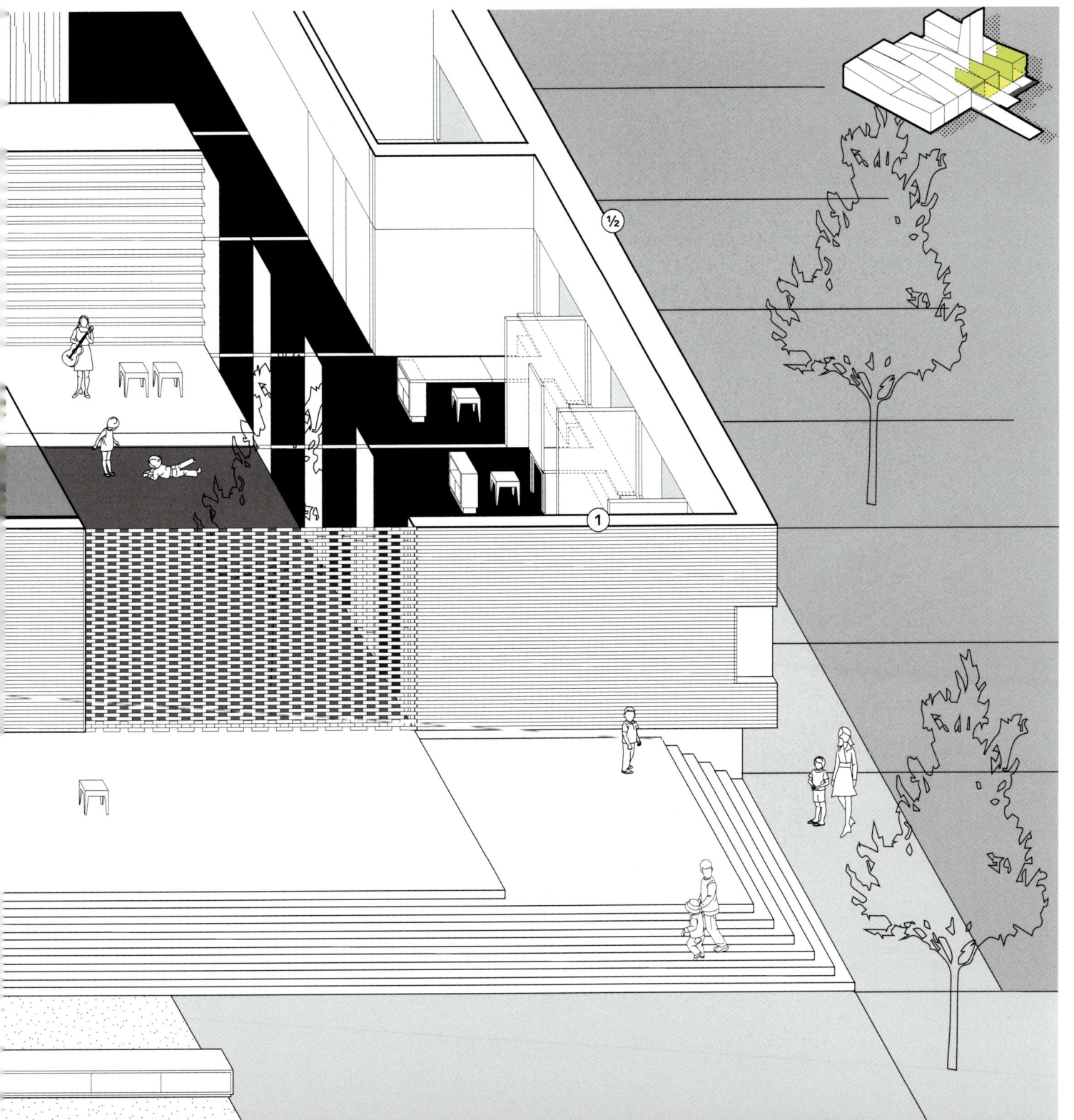

빗각

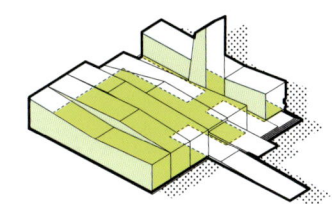

변형 빗각 투영도

여기서 평면 및 입면은 모두 화상면과 평행하다. 즉, 후퇴선은 정북에서 0°(또는 180°)로 표현된다.

그 결과 평면과 입면이 함몰되는 도면이 생성되었고, 2차원과 3차원을 동시에 그린 효과임에도 불구하고 3개의 면이 아닌 2개의 면만 보이게 된다.

이 예시에서 평면은 정확하게 그려지지만, 왜곡을 줄이고 수직 벽 및 기타 요소에 의해 가려지지 않고, 평면을 더 많이 볼 수 있도록, 입면의 후퇴선이 축소되어 표현되었다.

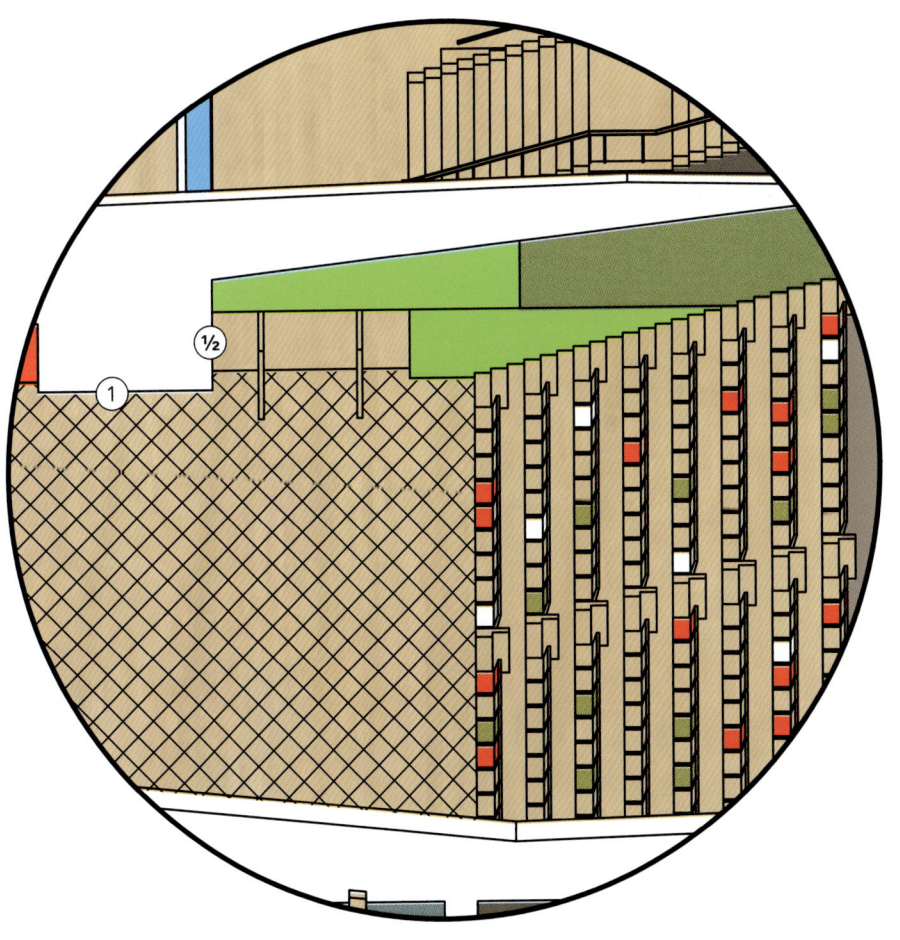

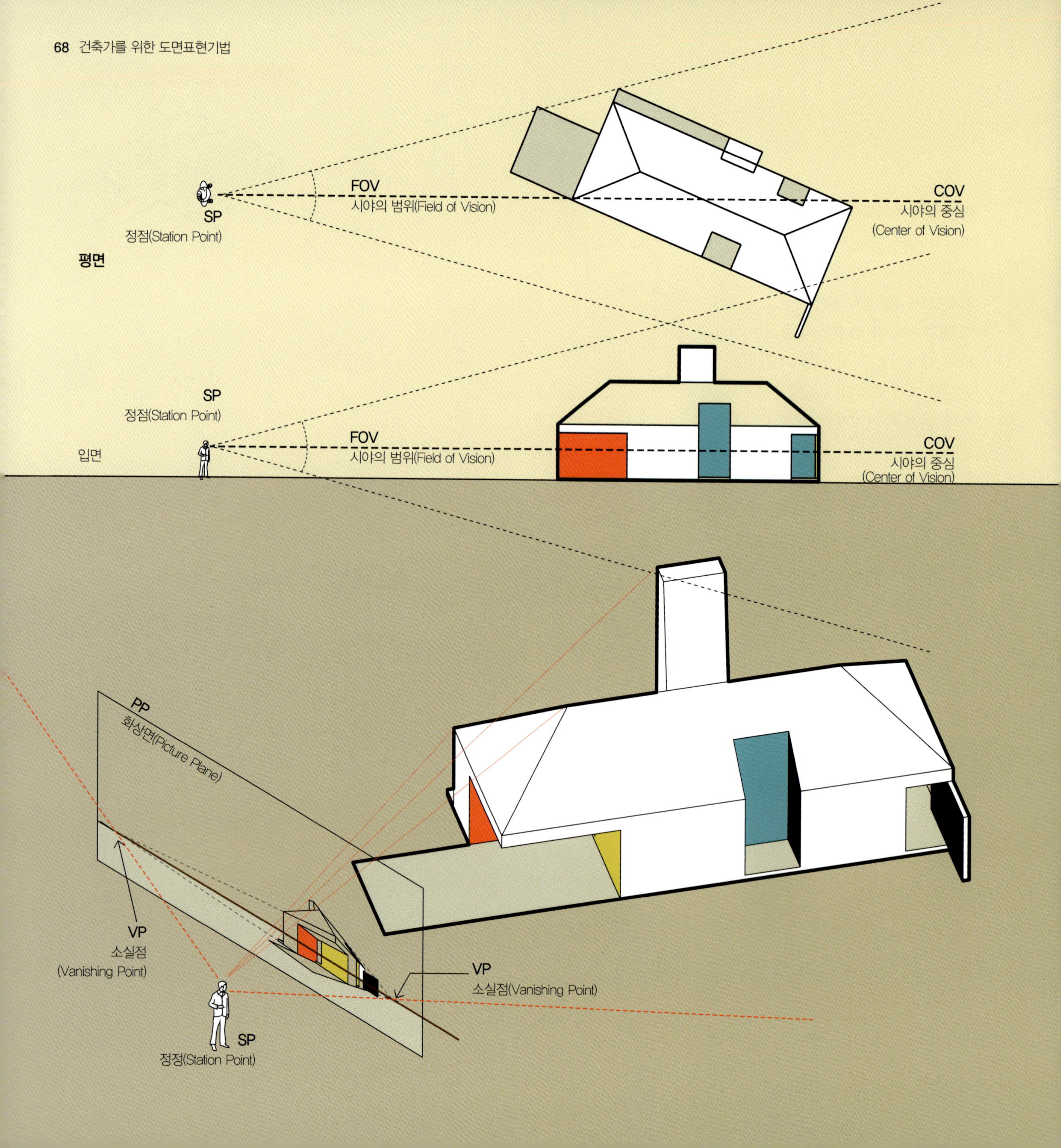

68 건축가를 위한 도면표현기법

평면

SP
정점(Station Point)

FOV
시야의 범위(Field of Vision)

COV
시야의 중심
(Center of Vision)

SP
정점(Station Point)

입면

FOV
시야의 범위(Field of Vision)

COV
시야의 중심
(Center of Vision)

PP
화상면(Picture Plane)

VP
소실점
(Vanishing Point)

VP
소실점(Vanishing Point)

SP
정점(Station Point)

투시도법

투시도법은 예술적 현상을 안정적이고 심지어 수학적으로 정확한
규칙으로 다루지만, 다른 한편으로는, 그런 현상은 실제로는 한 개인에게
달려 있다. 왜냐하면, 이러한 규칙은 시각적 인상의 심리적, 신체적
조건을 가리키며, 그들이 영향을 미치는 방식은 자유롭게 선택된
사람들의 주관적인 '관점'에 의해 결정된다.

어윈 파노프스키(Erwin Panofsky)
심벌의 형태로서의 투시도(Perspective as Symbolic Form)

투시도 작업하기

디지털 모델링을 활용하면 엑소노메트릭 생성과 마찬가지로 투시도를 설정하는 작업이 훨씬 빨라지므로, 직접 손으로 제작해야 하는 고된 노동력이 거의 필요 없게 된다.

투시도 투영법의 기본적인 규칙과 개념에 대한 작업 명령을 유지하는 것은 디지털 인터페이스와 투시도 생성 방법을 더 잘 제어할 수 있는 강력한 도구이다. 또한 손으로 스케치하는 등 보다 즉각적이고 신속한 수단으로 3차원 공간 아이디어의 탐색 및 소통을 위해서는 디지털 인터페이스와 투시도 생성 방법을 제대로 활용하는 것은 필수적인 과제이다.

투시도법

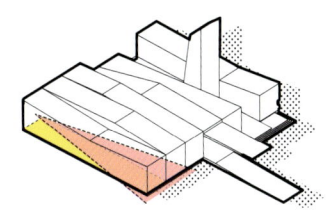

투시도

이름에서 알 수 있듯이 투시도법에는 평행한(만나지 않는) 투영선이 포함된다. 대조적으로 투시도의 투영법은 공간의 하나 이상의 고정된 지점에서 만난다. 이는 보다 몰입과 공간적·시각적 경험을 가능하게 하며, 고정된 단일 시점에 의존해야 한다. 따라서 투시도법은 3차원 공간에 대해 보다 주관적이고 개인적인 묘사로 이해될 수 있다.

어떤 형태의 투시도 재현이 고대에도 존재했을지 모르지만, 그 증거는 중세까지 살아남지 못했을 것이다. 투시도법은 르네상스 시대에 재발견되고 번성했는데, 이는 미술·건축·수학에 대한 증가하는 관심을 반영하였다.

1점 투시도 및 2점 투시도

이 평행선들은 **화상면**과 평행하게 유지된다.

소실점(VP, Vanishing Point)

이 평행선들은 **화상면**과 평행하게 유지된다.

이 선들(서로 평행하고 **화상면**에 수직)은 **소실점**에서 수렴한다.

1점

소실점 2에서 수평선

이 평행선들은 **소실점 2**에서 수렴한다.

1점 투시도

1점 투시도에서 두 축은 화상면과 평행하고, 세 번째 축의 투영선은 수평선의 단일 소실점으로 수렴된다.

1점 투시도는 좁은 내부 공간을 묘사하는 데 매우 효과적이다. 어떤 관점에서 보면 화상면PP은 실제 크기와 축척의 유일한 평면이다. 화상면 뒤에 있는 모든 정보(화상면과 평행하더라도)는 실제 크기보다 작게 표시되는 반면, 화상면 앞에 있는 모든 정보(화상면과 관찰자 사이)는 더 크게 나타난다.

01 투영도 유형 73

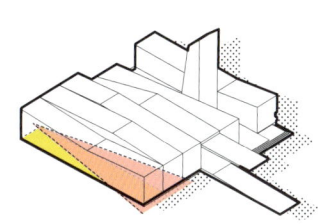

투시도법

2점 투시도

2점 투시도에서는 수직선만 화상면과 평행하다. 두 주축의 선은 수평선의 개별 소실점에서 수렴된다.

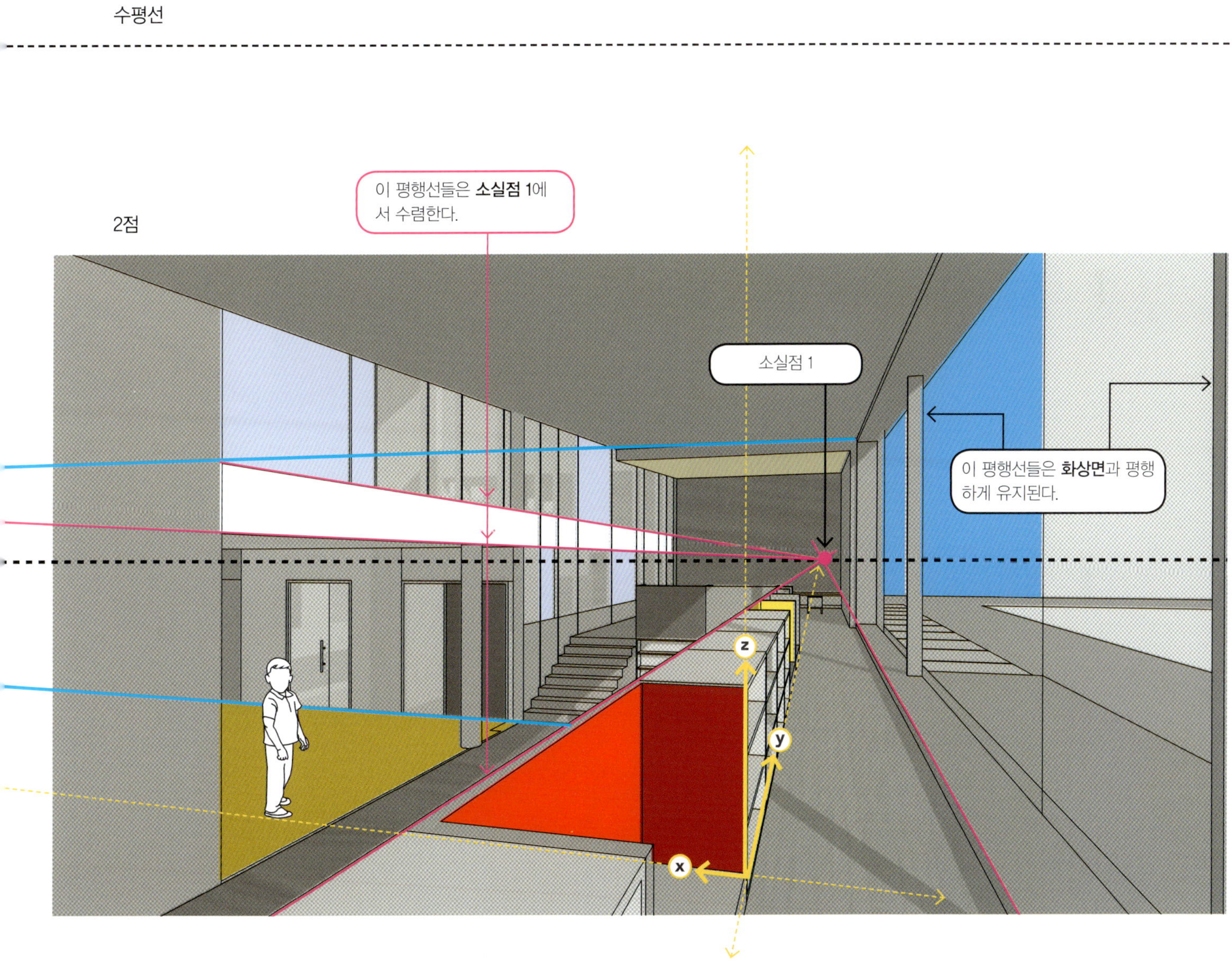

수평선

2점

이 평행선들은 **소실점 1**에서 수렴한다.

소실점 1

이 평행선들은 **화상면**과 평행하게 유지된다.

시야
시야 조절하기

컴퓨터는 자유자재로 투시도를 생성하는 프로세스를 촉진할 수 있지만, 그렇다고 해서 시야의 메시지를 제어하는 과정에서 설계자의 대리인을 제거하지 않는다(그리고 제거되지 않아야 한다). 1점, 2점, 3점 투시도 중에서 어느 것이 가장 적합한지, 관찰자가 있는 위치(눈높이, 위, 아래), 시야 및 시야의 방향 등 고려해야 할 요소가 많다.

선택한 초점 길이는 시야의 질과 공간의 묘사에도 영향을 미친다. 초점 거리가 짧을수록 시야각도 넓어진다.

15mm:
매우 넓은 각도

35mm:
넓은 각도

50–55mm:
일반적인 각도
(맨눈으로 보았을 때와 유사하다)

어린이 공간:
1점 투시도
1점 투시도로 작성된 긴 선형의 공간.
관찰자의 눈높이로 설정된다.

01 투영도 유형　75

투시도법

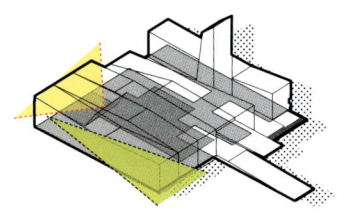

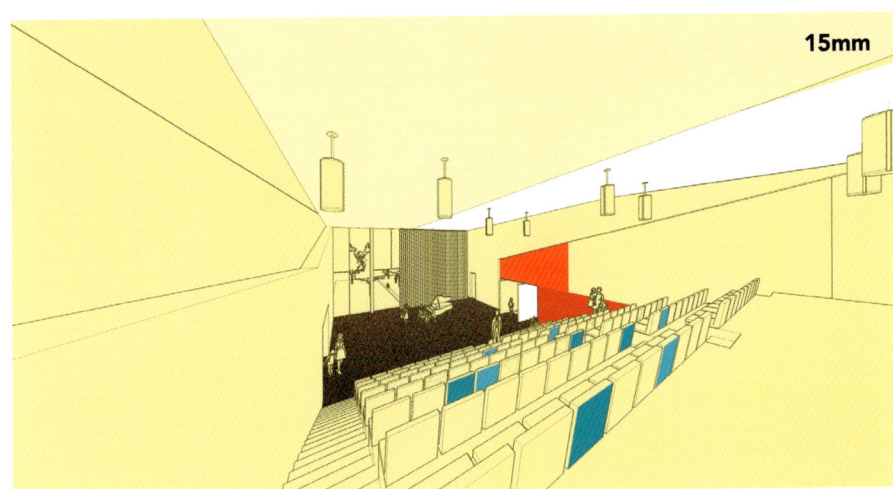

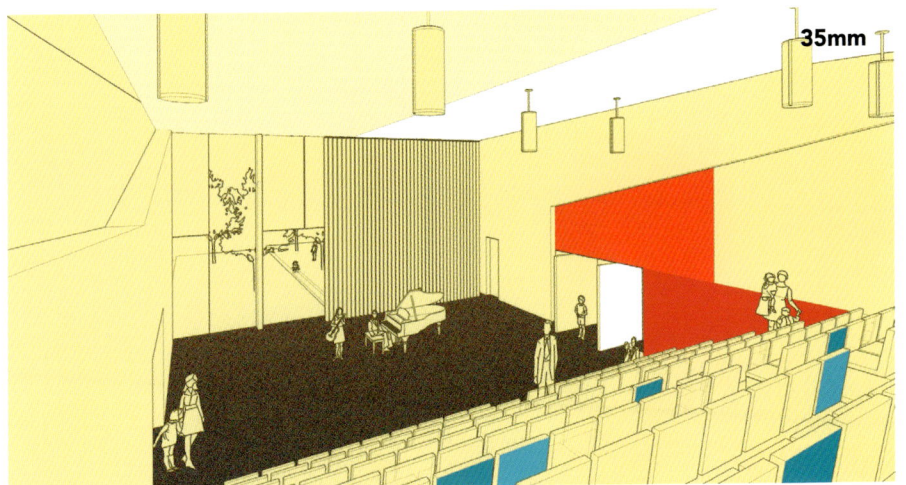

강당:
2점 투시도
높은 공간이 있는 보다 입체적인 공간은 2점 또는 3점 투시도법을 통해 더욱 역동적으로 표시된다.

보는 각도

최적의 시야각 및 투시도 유형을 선택하는 것은 우선순위에 해당하는 공간이나 정보에 따라 크게 달라진다. 지역 도서관의 외부 출입구의 모습과 그와 관련된 특정 이슈를 가장 잘 묘사하기 위해 1점 및 2점 투시도가 사용되었다.

1점 투시도

건물 입구를 직접적으로 중심으로 한 1점 투시도는 아래 경사로와 위에 있는 캐노피의 역동적인 특성을 강조한다. 그 결과 이러한 요소와 화상면과 평행을 유지하는 평평한 건물 전면 파사드와의 긴장을 강조하게 된다.

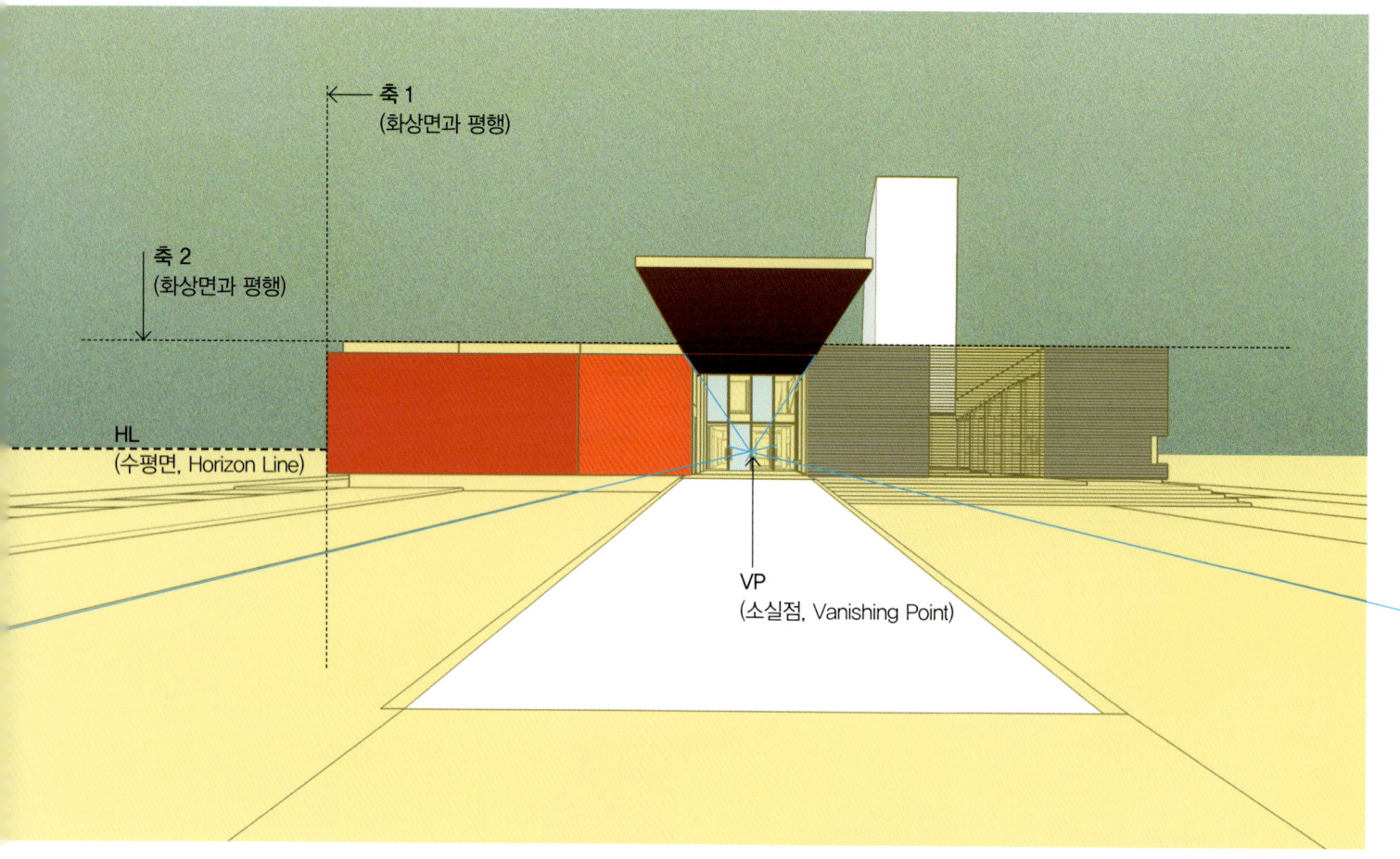

투시도법

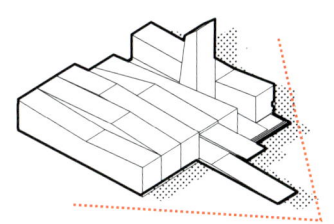

15mm

35mm

이 여성은 경사로에 서 있으므로, 눈높이가 1.5m (5피트) 기준선보다 높다.

55mm

사람 넣기

이 장면에서 관찰자는 눈높이가 1.5m(5피트)인 땅에 서서 건물의 정면과 수직으로 보고 있다.

이 경우, 관찰자가 눈높이에 있으므로 지면에 서 있고, 다른 사람의 눈높이는 거의 동일 수평 기준선을 따라 수평이 된다. 원근감 있는 콜라주에 사람을 배치할 때, 이것은 특히 공간에서의 위치를 기준으로 정확한 높이로 사람을 보여줄 수 있는 유용한 방법이다.

2점 투시도

동일한 건물의 정면을, 중심으로 왼쪽에서 치우친 지점에서, 화상면에 기울어진 각도로 보게 되면 우리의 시선은 건물 모서리에 집중된다. 여기에서 건물의 전면 및 왼쪽 면은 별도의 소실점에서 수렴되므로, 이 모서리와 관련하여 건물의 매스가 더욱 강조된다.

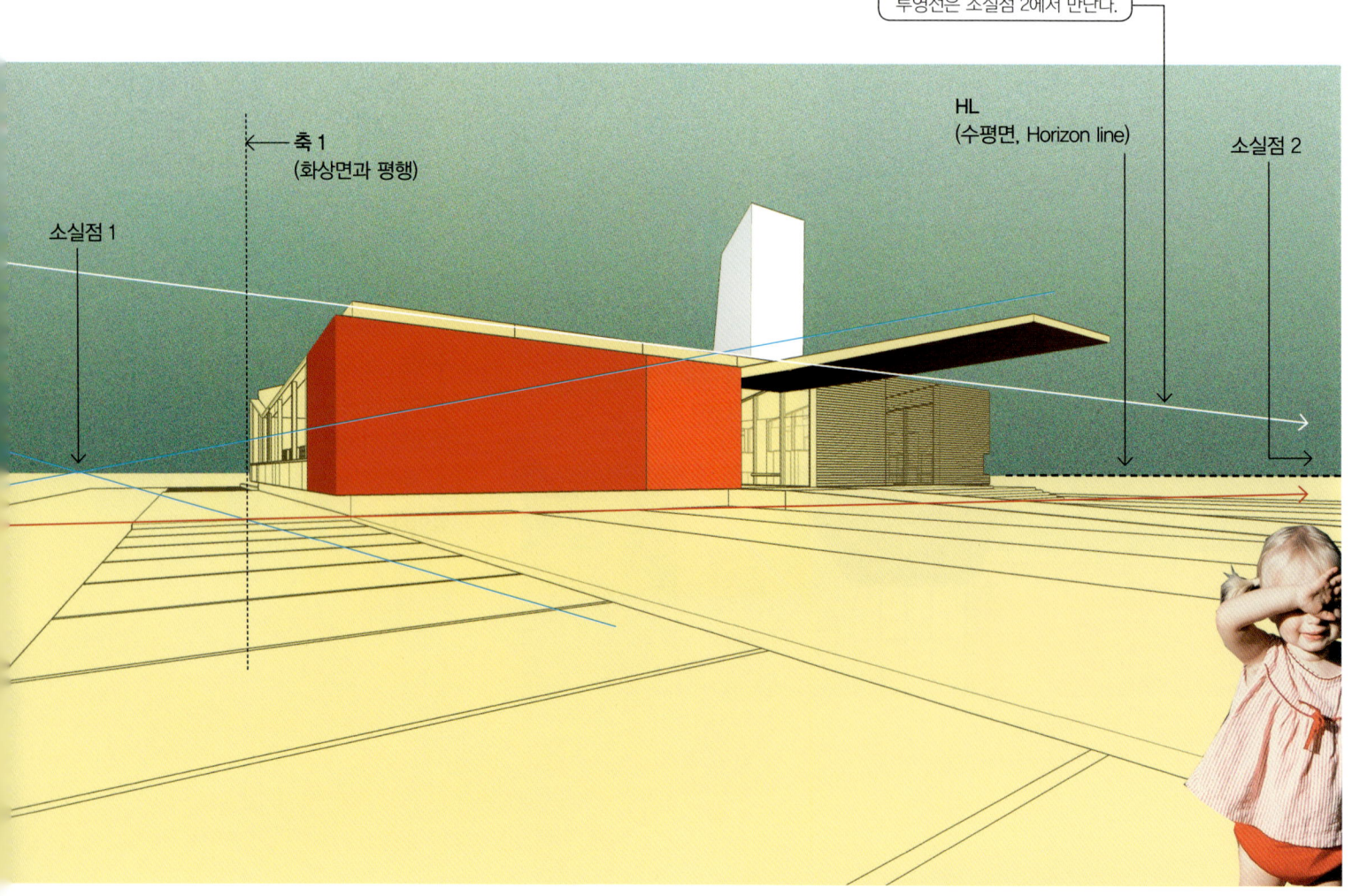

01 투영도 유형   79

투시도법

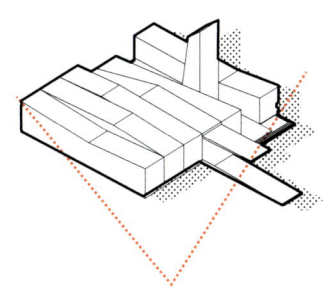

15mm

35mm

55mm

수직 투영선은 **소실점 3**에서 공중에서 만나게 된다.

3점 투시도

건물에 대한 또 다른 접근 방식은, 3개의 주요 축을 따라 있는 평면이 화상면과 평행하지 않지만, 공중의 한 지점에서 만나는 건물의 수직을 포함한 세 개의 개별 소실점에서 수렴하는 3점 투시도법을 사용한다. 이 경우 화상면은 3개의 축 중 어느 축과도 평행하지 않으며, 전체적인 효과는 낮은 유리한 지점에서 건물을 올려다보는 것이다.

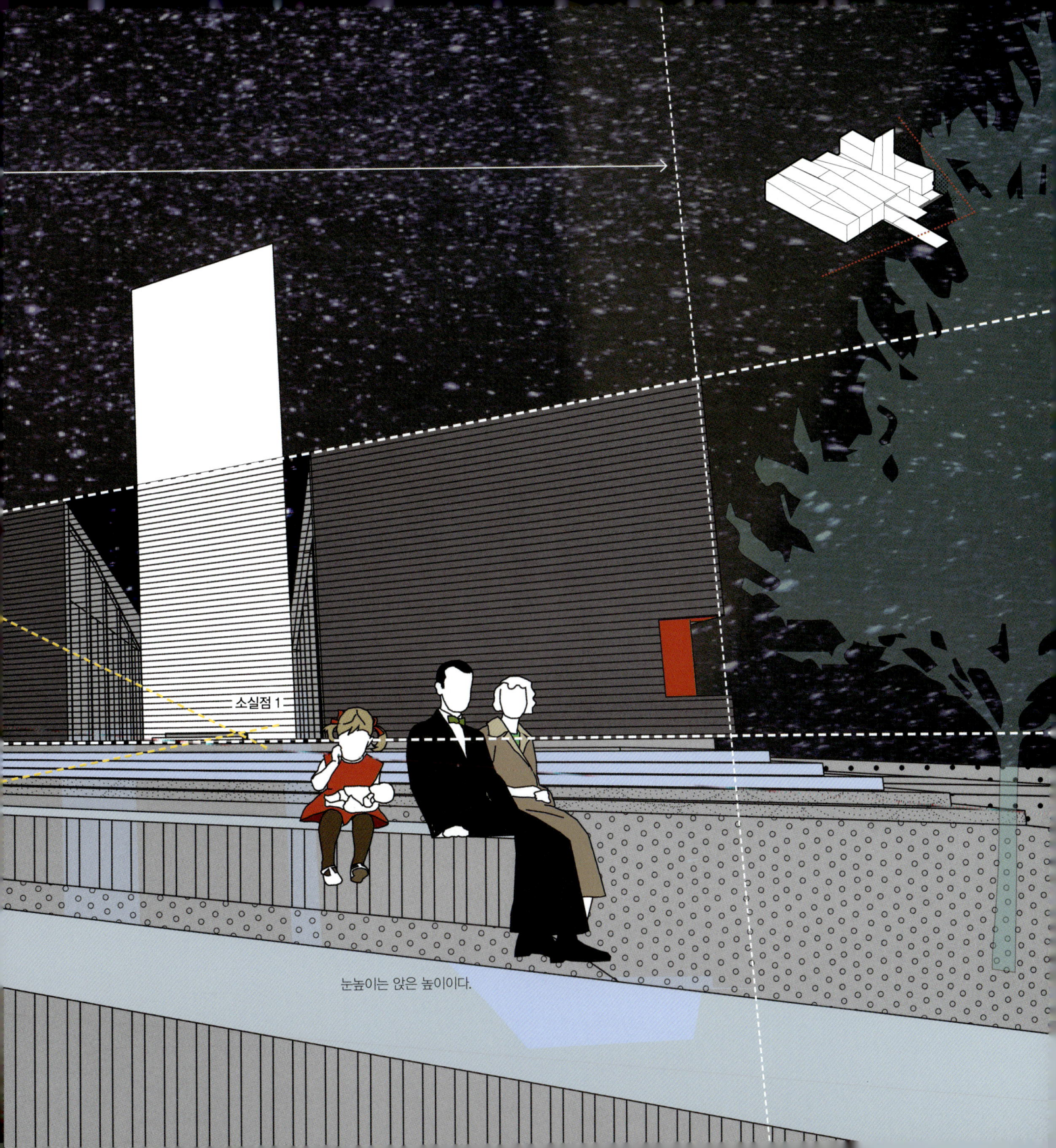

조감도

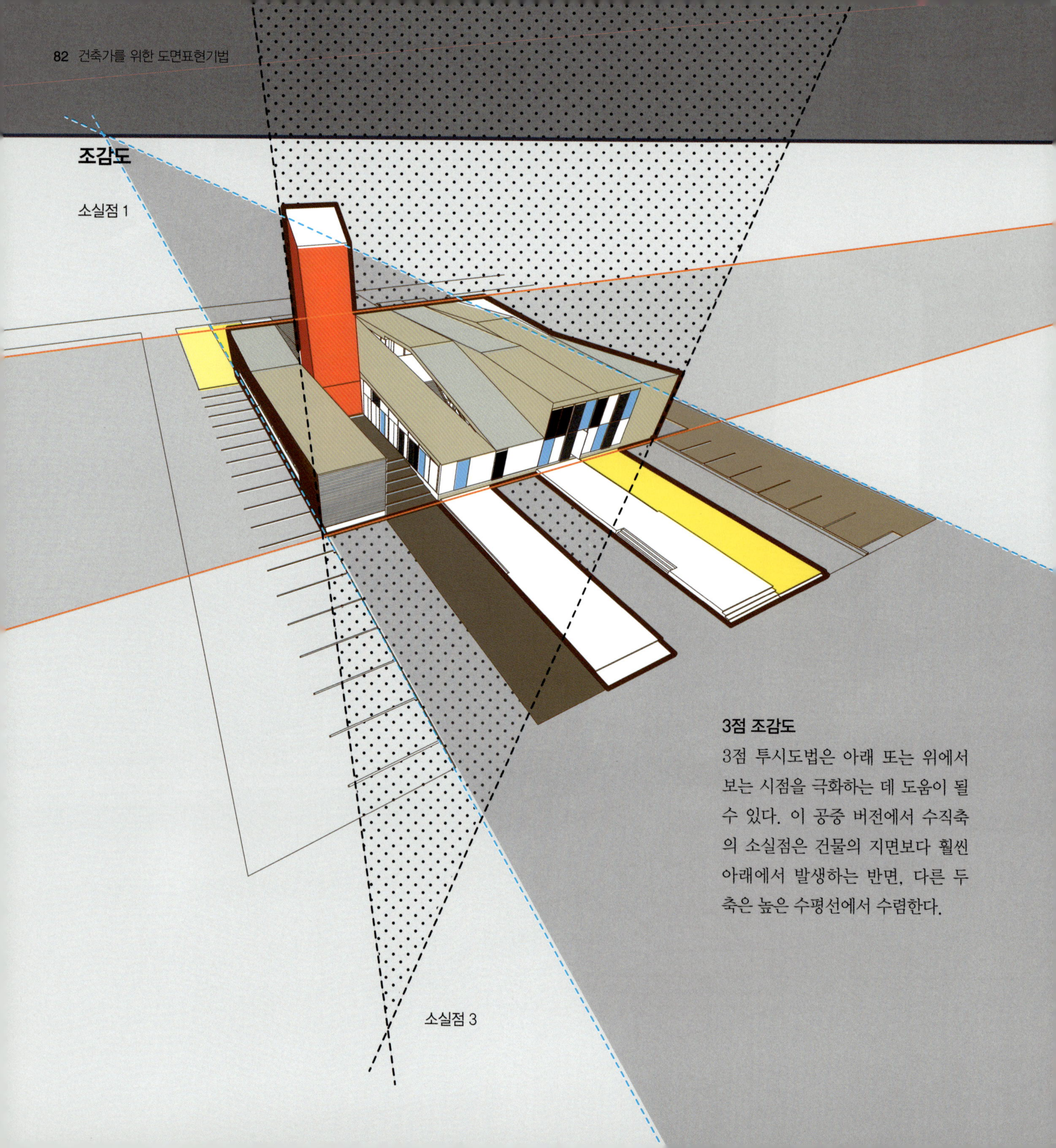

소실점 1

3점 조감도

3점 투시도법은 아래 또는 위에서 보는 시점을 극화하는 데 도움이 될 수 있다. 이 공중 버전에서 수직축의 소실점은 건물의 지면보다 훨씬 아래에서 발생하는 반면, 다른 두 축은 높은 수평선에서 수렴한다.

소실점 3

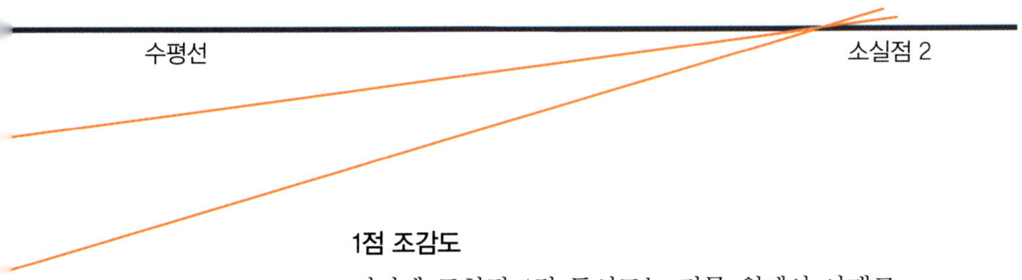

투시도법

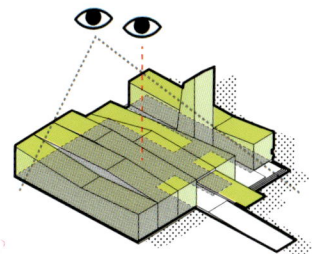

수평선   소실점 2

1점 조감도

여기에 표현된 1점 투시도는 건물 위에서 아래로 (지붕이 제거된 것처럼) 하나의 소실점을 사용하여 도면의 수직선이 수렴하는 모습을 보여준다. 이 경우 X 및 Y축 평면은 화상면과 평행하고, 수직(X축)은 소실점에 수렴한다.

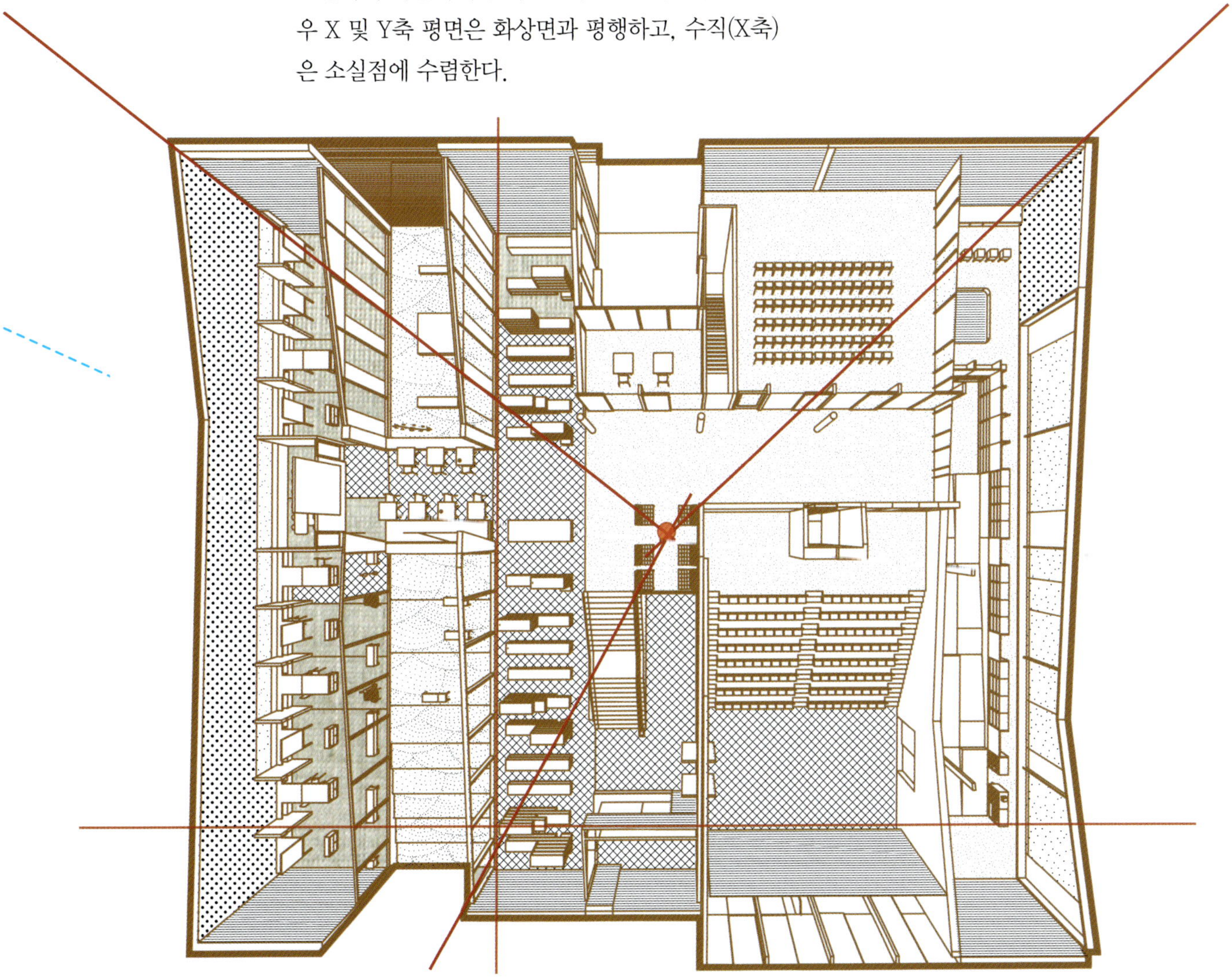

단면 투시도
1점 투시도
투시도와 단면도를 결합한 결과는 다목적으로 쓰일 수 있는 합성된 도면으로 활용된다.

1점 투시도에서 단면 절단은 화상면과 평행하며, 화상면에서 직접 절단할 경우 단면 자체가 실제 축척 및 크기이며, 이 면 뒤에 있는 정보를 통해 소실점을 향해 후퇴하게 된다.

투시도법

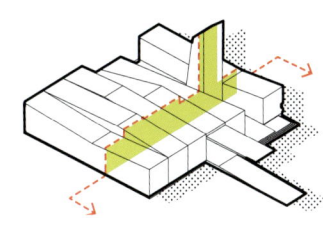

2점 투시도

2점 또는 3점 투시도에서 절단된 단면을 통해 얻어낸 정보는 투영선이 소실점에 수렴하는 축을 따라 발생하므로 화상면과 평행하지 않다. 따라서 절단된 단면의 치수 및 축척에 관한 정보는 정확하지 않다.

01 투영도 유형 87

투시도법

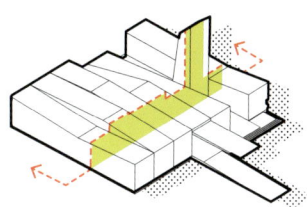

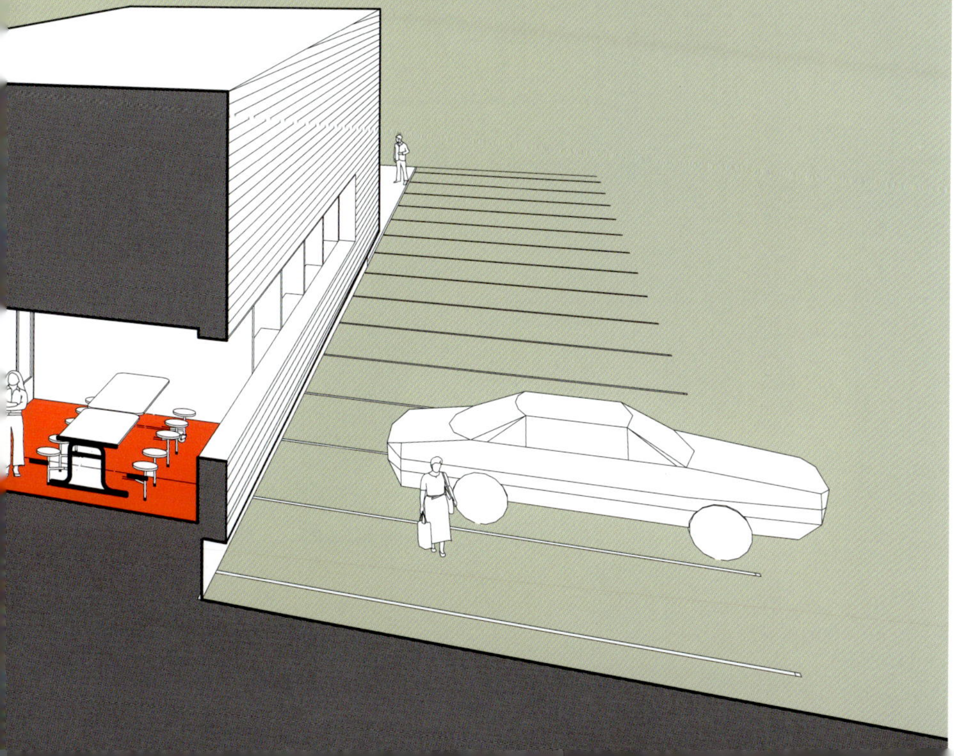

엔투라지
(Entourage)*

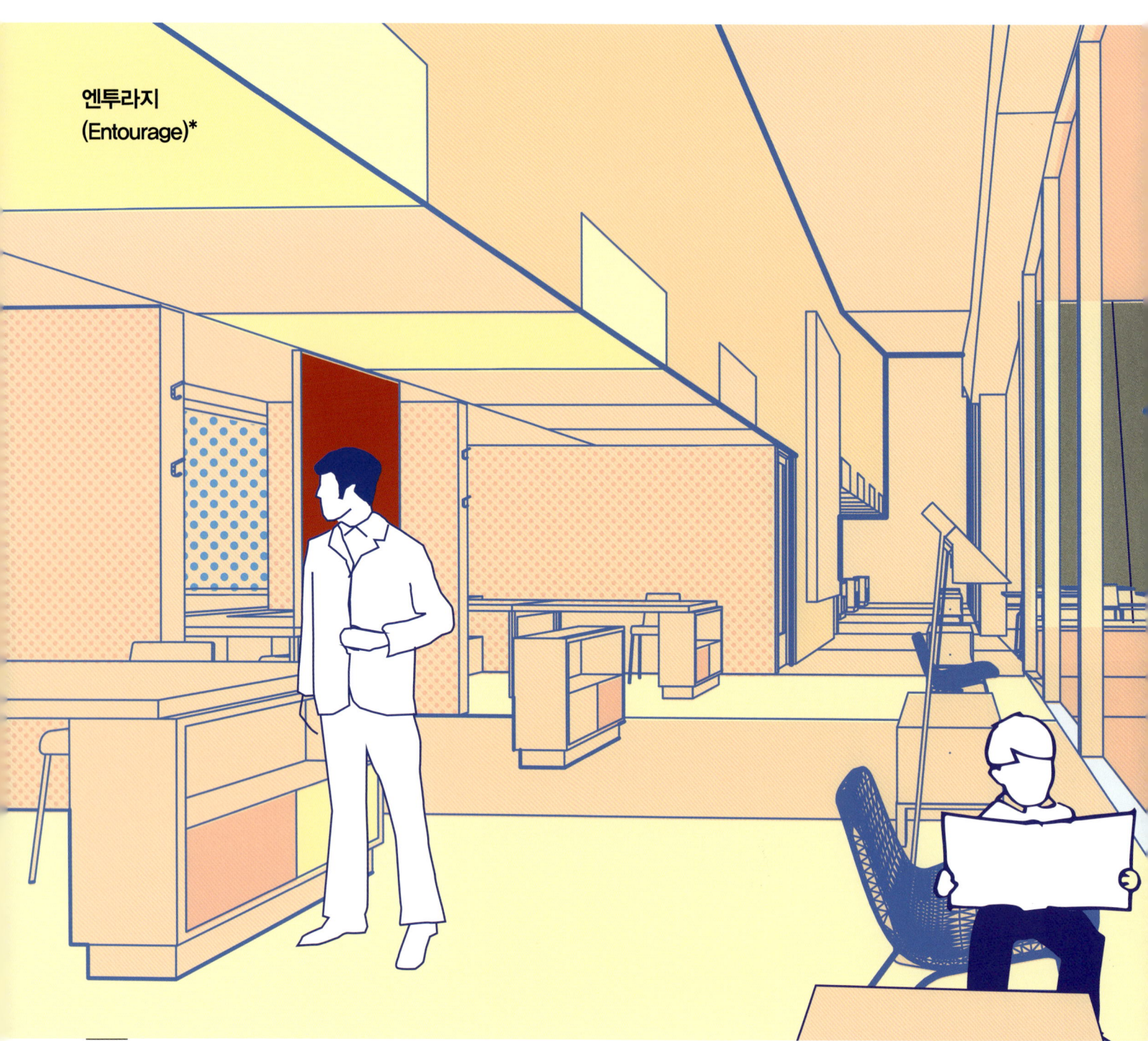

* 엔투라지(Entourage)는 원래 특정 인물과 동행하는 수행원이라는 의미이나, 투시도 안의 공간에 스케일 감각 및 생명력을 부여하는 사람, 수목, 가구, 조명 등의 이미지를 말한다.

01 투영도 유형 **89**

투시도법

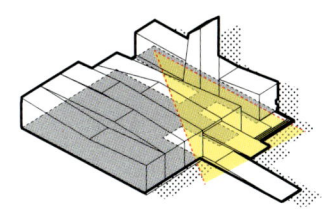

투시도는 거주 공간을 표현할 수 있는 특성을 가지므로, 공간의 체험을 개발하고 묘사하는 데 이상적인 방법이 되며, 이는 중요한 프레젠테이션 도구가 된다.

이러한 이유로 인해, 빛과 그림자, 사람, 가구, 재료, 나무, 자동차, 하늘 등과 같이 생명력을 불어넣는 요소들을 통해 투시도의 공간을 더욱 생기 있게 향상할 수 있다. 이러한 요소들은 공간의 엔투라지에 해당하며, 규모와 맥락을 설정하는 데 도움을 주면서도, 디자인의 용도와 특성을 확립하는 강력한 도구이다.

엔투라지 축척 조정하기

엔투라지 요소를 투시도에 적용하거나 콜라주할 때(아직 디지털 모델의 일부가 아닌 상태), 해당 요소의 축척, 위치 및 배치가 도면에 이미 존재하는 원근법을 따르도록 주의를 기울일 필요가 있다.

가이드: 투시도가 디지털 모형의 결과물인 경우 모델 주위에 올바른 높이의 수직선을 배치한다. 그런 다음 렌더링 뷰에서 사람 또는 다른 요소를, 이러한 선 위에 콜라주나 적절한 축척으로 조정할 수 있다.

인접: 도면에서 가까운 요소의 높이를 유용한 수직 이정표로 사용한다. 만약 사람이 문 근처에 서 있고 그 문이 대략 2미터(7피트) 높이라면, 평균 성인의 키는 문만큼 크지 않을 것이다.

올바르지 않은 비율의 인물 배치: 인물들의 각각의 크기는 투시도 공간에서 위치에 맞지 않는다. 왼쪽 인물은 너무 크고, 반면에 오른쪽 인물은 너무 작다.

01 투영도 유형 91

투시도법

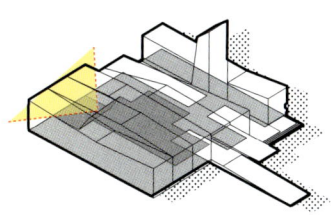

올바른 비율의 인물 배치: 인물들의 크기를 동일하게 유지한 상태에서 서로 반대쪽에 배치한다. 작은 인물은 무대 아래에 두고 큰 인물은 전경에서 더 크게 보이도록 한다.

올바른 비율의 인물 배치: 크기가 작은 인물은 무대 아래에, 큰 인물은 전경 바로 앞에 둠으로써, 동일 인물들은 원래의 위치에 둘 수 있다.

투시도법

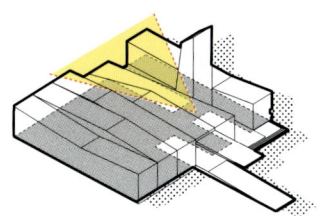

특징

투시도는 다양하게 쓰일 수 있는 설계 도구이며, 투시도가 원하는 미래의 공간을 위해 수행할 수 있는 능력은 놀라움을 최소화하는 현실적인 표현이 아니라(그럴 수도 있지만), 창조 가능한 것에 대하여 무한하게 연상할 수 있는 능력을 제공한다.

건축가의 언어들

도면의 종이는 유토피아인의 진정한 매체이다.

볼프강 펜트(Wolfgang Pehnt)
도면의 표현주의 건축(Expressionist Architecture in Drawings)

건축가들은 여러 상황에서 자신의 작업과 아이디어를 많은 고객들에게 표현해야 한다. 건축가의 일상적인 청중은 클라이언트, 컨설턴트, 시공자, 동료와 같은 다양한 그룹을 포함할 수 있다. 건축가는 이러한 언어(그래픽 및 그 밖의 언어)뿐만 아니라, 이들이 혼합됨으로써 발생하는 방언과 은어에도 능통할 것으로 기대된다.

클라이언트의 경우 의사소통은 비전을 가능하게 하는 세부 사항보다 더 많은 비전을 강조할 수 있으며(이를 통해 정보도 클라이언트와 공유됨), 클라이언트의 욕망과 건축가의 상상력의 결합을 안심시킬 수 있는 관련 이미지의 형태로 더 자주 보호될 수 있다.

컨설턴트와의 커뮤니케이션은 정확하고 상세해야 하며, 매우 단순한 건물 시공에서도 발생할 수 있는 많은 하도급 시공업자들 사이에서 일어날 수 있는 특정한 이슈를 수용할 수 있어야 한다. 시공자들에게 복잡한 언어와 매우 상세한 특수성이 시공 문서, 공장 도면 및 시방서의 형태로 표현된다.

동료들에게 그래픽 화법은 더 자유롭고 강렬하다. 이 언어는 건축가에게 있어 자기주체적 모국어이지만, 전달에 활용하기 위해 새로운 방법을 끊임없이 모색하고 있다. 도면을 보는 사람과 상관없이, 도면이 제대로 표현되고 문서로 만들어지지 않는다면, 아무리 좋은 아이디어조차 번창하고 성공하는 데 어려움을 겪을 것이다.

건축가가 작성하고 사용하는 도면은 사용 가능한 기술, 시장 수요 및 도면이 수행해야 하는 작업에 따라 진화하였으며, 앞으로도 계속 진화할 것이다. 대부분의 커뮤니케이션 교환 형태와 마찬가지로, 건축 생산은 지난 수십 년 동안 급격하게 변화했지만, 이러한 제작이 산출하는 도면의 원칙은 여러 가지 면에서 이전의 모습과 일치한다.

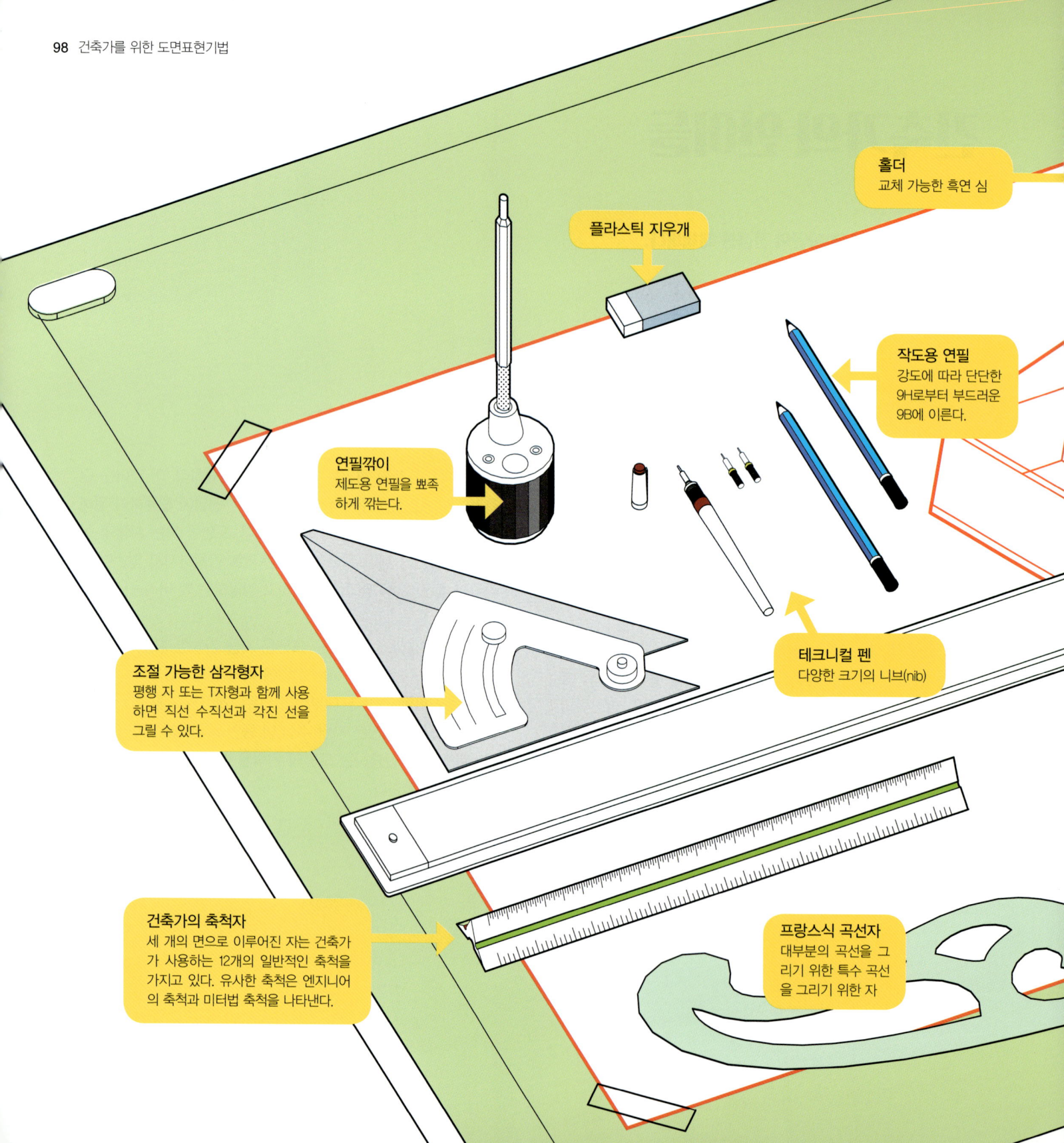

원형 템플릿
얇은 플라스틱 스텐실과 같은 가이드를 사용하면 모양, 곡선, 텍스트, 가구 및 사람을 포함한 다양한 요소를 일관되게 따라 그릴 수 있다.

평행 자
수평자는 고정된 케이블을 활용하여 위아래로 움직일 수 있다. 이는 수평선을 곧게 그릴 수 있도록 한다.

제도판

도면 작성하기와 도면 읽기

20년 전만 해도 대부분의 건축가들은 왼쪽에 표시된 다양한 도구를 사용하여 수많은 축척과 형태의 건축 투영을 표현하였다. 도면은 적절한 축척을 유지하고, 도면 시트에 적절하게 맞도록 사전에 세심하게 계획되었다.

최근 수십 년 동안 대부분의 건축가들은 손으로 그리거나 초안한 도면과 자주 연계되기는 하지만, 캐드CAD 및 디지털 모델링 프로그램을 사용하여 디지털 제작으로 전환하였다.

오늘날 많은 젊은 건축가들은 이 페이지에 있는 대부분의 도구를 사용한 적이 없으며, 오로지 컴퓨터 지원 모드 및 도면에만 의존한다. 특히 건물정보모델링 building information modeling 및 파라메트릭 모델링parametric modeling이 점점 더 광범위하게 사용되면서 프로세스가 계속 발전할 것이라고 예상하는 것이 타당하지만, 이 책에서 관심 있는 것은 도구가 건축 도면을 달성하는 데 사용되는 방법보다는 도구에 관한 것이다.

설계 프로세스

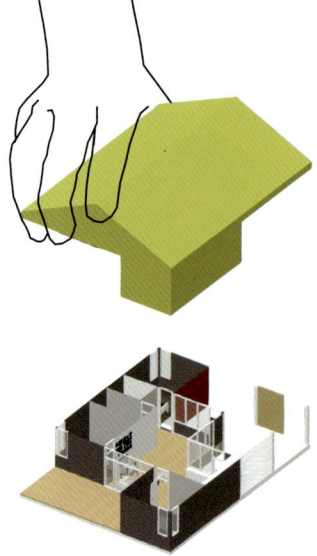
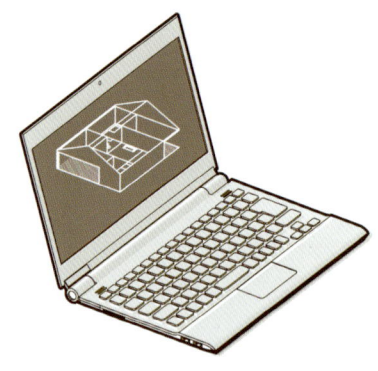

기획 설계
개념 설계 및 프로그래밍

건축은 경쟁이 요구되는 분야이며, 건축가가 프로젝트의 프로그램을 개발하고, 클라이언트가 프로젝트를 추진할 것인지를 결정하는 데 도움이 되는 타당성 조사 또는 예비 개념 설계를 통해 사전 설계 작업을 제공하는 것은 드문 일이 아니다. 이러한 노력으로 건축가는 전체 설계 계약을 수주할 수 있지만 반드시 보장되지 않는다.

계획 설계(SD, Schematic Design)
이 단계에서는 주요 설계 아이디어를 수립하고 탐색하며 종종 여러 옵션을 동시에 추구하는 경우가 많다. 작성되는 도면에는 예비 비용을 산정할 수 있는 충분한 수준의 평면도, 배치도, 입면도 및 단면도가 포함된다. 도면 세트의 요구 사항 외에도 클라이언트에게 아이디어를 전달하기 위해 보다 인상적인 투시도 및 기타 3차원 모델이 준비된다.

중간 설계(DD, Design Development)
계획 설계(SD)로부터 더욱 상세하게 발전되고, 보다 정확한 비용을 산정하기 위해 적합하고 구체적인 도면 세트를 작성한다. 더 많은 설계 문제가 대두됨에 따라 구조, 설비 엔지니어링 컨설턴트와의 조정이 훨씬 더 구체화된다. 설계 문서에는 유형 및 범위가 증가하고, 건물의 외관 및 실내, 상세 도면 및 시방서가 포함된다.

시공도서(CDs, Construction Documents)

일반적인 시공도서 세트에는 배치도, 평면도, 천장평면도, 건물 외부 및 내부 입면도, 건물단면도, 벽단면도, 시공 상세도, 창문 및 문 일람표, 장비 일람표, 마감 일람표와 같은 실시설계도면(construction drawings)과 시방서(specifications)가 포함된다. 그리고 컨설턴트 도면에는 특히 토목, 조경, 구조, 소방, 배관, 기계, 전기 및 IT(데이터 및 통신) 등이 포함될 수 있다.

시공감리(CA, Construction Administration)

이 단계는 시공 중 과정으로서, 건축가는 모범 사례와 시공도서(CDs)에 따라 건물이 진행되도록 위해 프로세스에 대한 감독을 유지해야 한다. 이는 정기적인 현장 방문과 시공팀과의 회의를 통해 이루어진다. 이 단계에서는 예상치 못한 많은 문제가 발생할 수 있으므로, (시공자와 건축가 사이에) 공장 도면(shop drawing), 주문 변경(change order) 및 정보 요청(RFI, Request for Information)을 통한 지속적인 의사소통의 흐름은 필수적이다.

마케팅(Marketing)

완성된 프로젝트는 일단 전문적인 사진을 촬영하고, 잡지나 신문 등과 같은 매체를 통해 문서로 남기게 되면, 향후 또 다른 프로젝트를 수행할 수 있는 기회를 획득하기 위한 필수 마케팅 수단이 되고 이러한 과정은 계속된다.

용어

준공 도면
공사 중 프로젝트 변경사항이 반영되도록 표시 및 수정이 이루어진 프로젝트 도면이며, 특히 시공 도서와 다를 수 있다. 기록 도면(record drawings)이라고도 한다.

청사진
18세기에 개발된 이후, 청사진 제작 과정은 대규모 기술 도면의 명확한 복제를 위한 가장 우수하고 정확한 방법으로 널리 받아들여졌다. 이 과정은 반투명 종이(모조피지, 마일라 또는 이와 유사한 재질)에 그린 도면이 자외선에 노출되어 더 무겁고 화학 처리된 종이 아래에 그림을 옮기는 습식 공정이다. 인쇄 결과 흰색 배경에 파란색 도면 선이 나타나고, 반대로 네거티브 인쇄를 통해 파란색 배경에 흰색 도면 선이 생성된다. 하지만 이후 대규모 복사, 출력 및 인쇄 기술이 발전함에 따라 이러한 청사진 제작 과정은 본질적으로 필요가 없게 되었다.

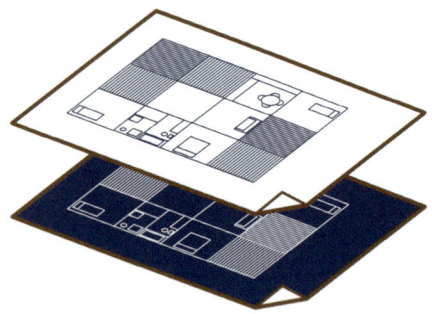

시공도면
건축가의 설계를 시공자 및 컨설턴트에게 전달하기 위한 평면도, 단면도, 입면도 및 상세도로서 기술적으로 정확한 문서 세트이다.

결과물
건축가가 준비하여 건축주에게 전달한 합의된 문서(도면, 모형, 시방서 등)이다.

제도
구조 및 사물을 치수 및 기하학적으로 올바른 방식으로 전달하는 기술적으로 정밀한 도면을 제작하는 행위이다. 제도의 결과물은 2차원 도면이지만, 이미지는 본질적으로 3차원일 수 있다. 제도는 T-사각형, 평행제도판, 삼각형, 나침반 및 축척과 같은 도구를 사용하여 손으로 제도할 수 있다. 컴퓨터를 활용한 제도는 기술적으로 정확한 도면을 생성하기 위해 벡터 기반의 그래픽을 사용한다.

아이코노그래피(Ichnography)
비트루비우스(Vitruvius)가 그의 건축십서(Ten Books on Architecture)에서 정의한 건물의 평면도이다.

선
길이, 위치 및 방향의 속성을 지닌 확장된 점이다.

선 유형
점선, 은선, 파선 등과 같은 다양한 선 구성은 도면에서 쓰임새와 배치에 따라 특정한 의미가 있다.

선 두께
매우 얇은 선부터 매우 두꺼운 선까지 다양한 선 두께. 도면의 다양한 선 두께를 통해 특정 요소를 구분하고 그래픽 계층을 지정할 수 있다. 도면에서 선이 보다 상세하게 표현될수록, 여러 선 두께로 인한 이점도 커진다.

매체
도면을 그리거나 인쇄, 출력 또는 복사하기 위한 다양한 종이, 필름 및 일러스트 보드이다. 다양한 ANSI, ISO, Architectural의 크기로 제공된다.

큰 포멧의 매체

도판
연필, 수채물감, 잉크, 분필을 사용하기에 적합한 두께의 고품질 재질

필름 시트
속이 비치는 재질(벨룸Vellum, 마일라Mylar)

종이 시트
보드지보다 얇고, 다양한 무게와 텍스쳐를 지님. 일반적으로 매끄러운 재질

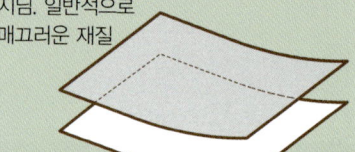

롤지(백상지Satin, 광택 백상지Satin Bond)
롤 필름(벨룸, 마일라, 트레이싱지)

*오버레이 및 트레이싱 작업에 필수적이며, 오래된 청사진 복제 프로세스에 필요한 반투명 매체

직교
직각으로 교차하는 선과 기하학

정투영법
평행선을 사용하여 평면에 사물을 투영하는 도면 투영법

면
너비, 길이, 모양, 표면, 방향 및 위치 속성을 가진 확장된 선

포쉐(Poché)
주머니를 뜻하는 프랑스어로 단면에서 절단되는 단단한 공간이다. 도면에서 이것은 검은색 실선에서 해칭 교차선, 굵은 선 사이에 흰색까지 여러 가지 방법으로 나타낼 수 있다. 절단된 부분을 나타내기 위해 자주 사용되지만, 포쉐의 존재가 물성의 균질성을 나타내지 않는다. 사실 상세 단면이나 평면을 통해 가장 잘 이해할 수 있는 특정 시공에 대한 큰 축척에서의 대리인이라고 할 수 있다.

점 ●
공간에서의 위치

투영
3차원 사물이 2차원 화상면으로 옮겨지는 과정

렌더링
디자인의 속성과 의도를 종종 투시도로 묘사한 그림으로, 보기 경험을 향상시키기 위해 물성과 그림자를 사용하는 경우가 많다. 기술은 매우 다양하다. 손으로 연필, 잉크, 목탄, 수채화 물감, 마커 또는 접착 필름을 사용할 수 있다. 디지털 방식으로 수많은 모델링 및 렌더링 프로그램을 통해 매우 정교하게 생성할 수 있다. 프로세스는 단순하거나 반사, 투명도 및 그림자의 묘사에서 거의 사실적일 수 있다.

레프로그래픽스(Reprographics)
도면 및 기타 데이터를 일반적으로 종이나 필름에 출력하거나 인쇄하는 것. 건축 작업에서 여기에는 복사된 인쇄물, 사진 또는 디지털 플롯이 포함될 수 있다.

공장 도면(Shop Drawing)
시공업자 또는 제조업자가 준비하고, 건축가의 승인을 위해 제공하는 도면, 다이어그램 및 일정을 포함한다. 공장 도면은 일반적으로 제품이 제조, 조립 또는 설치되는 방식을 보여준다. 건축가는 이러한 도면을 검토하고 승인할 책임이 있다.

시방서
시공 문서 세트와 함께 제공되는 서면 지침서. 시방서는 일반적으로 수백 페이지 분량이며, 페인트 색상에서부터 엘리베이터의 하드웨어에 이르기까지 모든 항목에 대한 정확한 설명을 제공하기 위해 특정 표준을 따른다.

스트레오토미(Stereotomy)
블록과 석재의 절단

입체측정법
고체의 부피와 치수를 결정하는 과정

부피
길이, 너비, 깊이, 형태, 공간, 표면, 방향 및 위치의 속성을 가진 확장된 평면

출력
플로터는 자동화된 펜을 사용하여 벡터 기반 파일에서 직접 인쇄하고 컴퓨터로 작성된 건축 문서의 정확한 출력에 없어서는 안 될 존재가 되었다. 펜 플로터는 일반적으로 선 작업으로 제한된다.

인쇄
롤 용지(본드지, 새틴, 광택, 비닐, 천)에 인쇄하는 대형 프린터는 플로터처럼 보이지만 잉크젯 기술을 사용하여 풀 컬러, 고해상도 이미지를 생성한다.

선 두께

초안 작성이든, 손으로 그린 것이든, 컴퓨터로 생성된 것이든 명확하고 정확한 도면의 제작은 관련된 선 작업의 여러 측면을 제어하는 데 크게 좌우된다. 손으로 그러거나 제도할 때 다양한 연필과 펜이 원하는 효과를 낼 수 있도록 도와준다.

이러한 선 두께는 대부분의 캐드CAD 및 벡터 기반 그래픽 프로그램으로 얻을 수 있다.

연필

제도용 연필은 매우 단단한 것부터 매우 부드러운 것까지 다양한 종류가 있다. 비제도 목적으로 사용되는 표준 #2 연필은 HB 등급 연필이다. 연필은 2mm 리드 리필을 보유하는 리드 홀더 형태로도 사용할 수 있다. 납 리필은 제도용 연필과 같은 등급으로 제공되며, 납 포인터 또는 사포 블록으로 날카롭게 한다. 비사진 청색 흑연 심 non-photo blue leads은 언더레이 및 가이드라인 작업에 사용되며, 복사 및 인쇄와 같은 복제에는 나타나지 않는다.

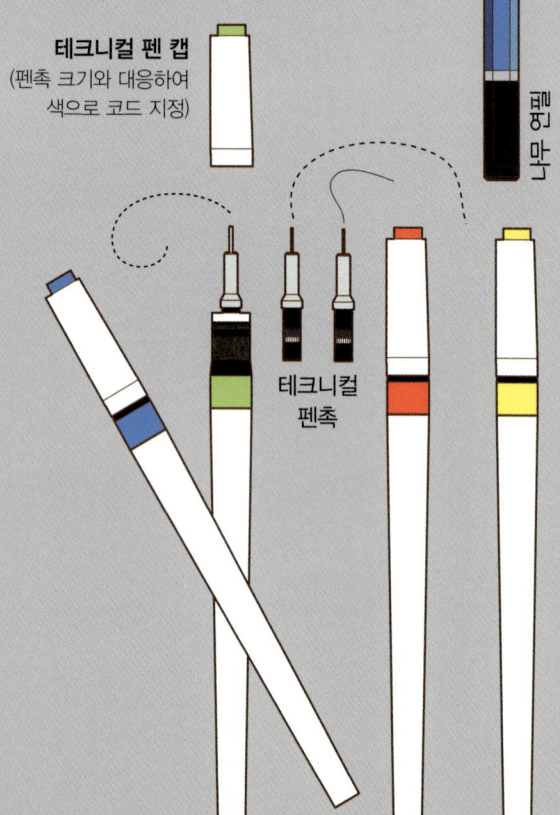

테크니컬 펜

다시 채울 수 있는 잉크 저장소 또는 교체 가능한 잉크 카트리지가 있는 펜은 보관용 기술 도면을 제작하는 데 표준이었다. 매우 가는 것부터 매우 두꺼운 것까지 다양한 펜촉을 사용하여 특정하고 일관된 너비의 선을 만들 수 있다. 미국에서는 특정 제조사가 다양한 너비를 지정하기 위해 독점 시스템을 사용하는 반면, 유럽은 밀리미터 단위로 표시되는 ISO 표준을 따랐다. 표준 세트에는 다음 선 두께가 포함된다.

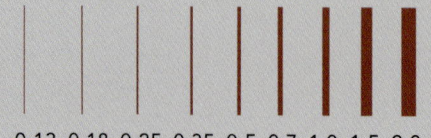

선의 위계

위계가 없음: **너무 약함**
모든 선의 두께가 같고 매우 연하다. 이로 인해 평면에서 어떤 선이 어떠한 역할을 하는지 구별하기 어렵다.

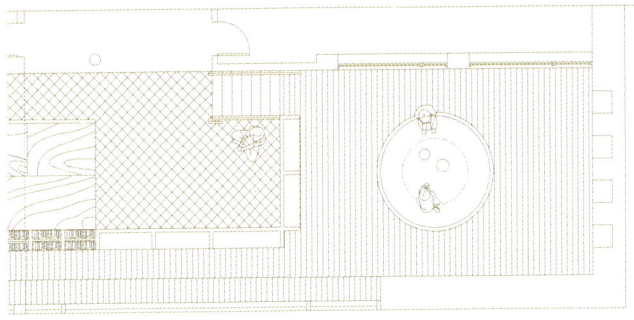

위계가 없음: **너무 두꺼움**
모든 선의 두께가 같고 너무 굵다. 선의 역할을 구분하기 어려울 뿐만 아니라 어수선하게 보인다.

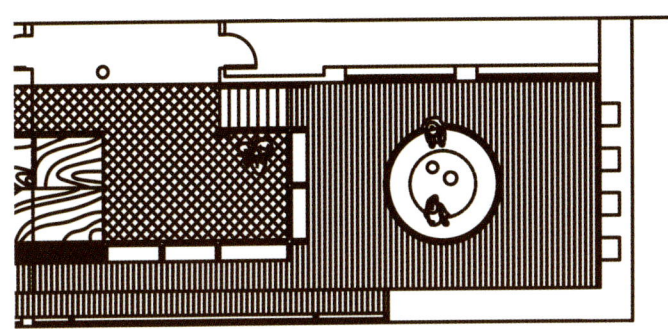

명확한 위계

아래에 제시된 네 가지 선 두께는 다양한 요소를 표현한다.

1. 가장 두꺼운 선: 벽을 관통하는 부분

2. 중간선: 계단이나 바닥 모서리를 나타냄

3. 중간선보다 옅은 선: 벽이나 붙박이장의 윗부분

4. 가는 선: 배경정보로 읽혀야 하는 바닥 패턴 및 기타 항목

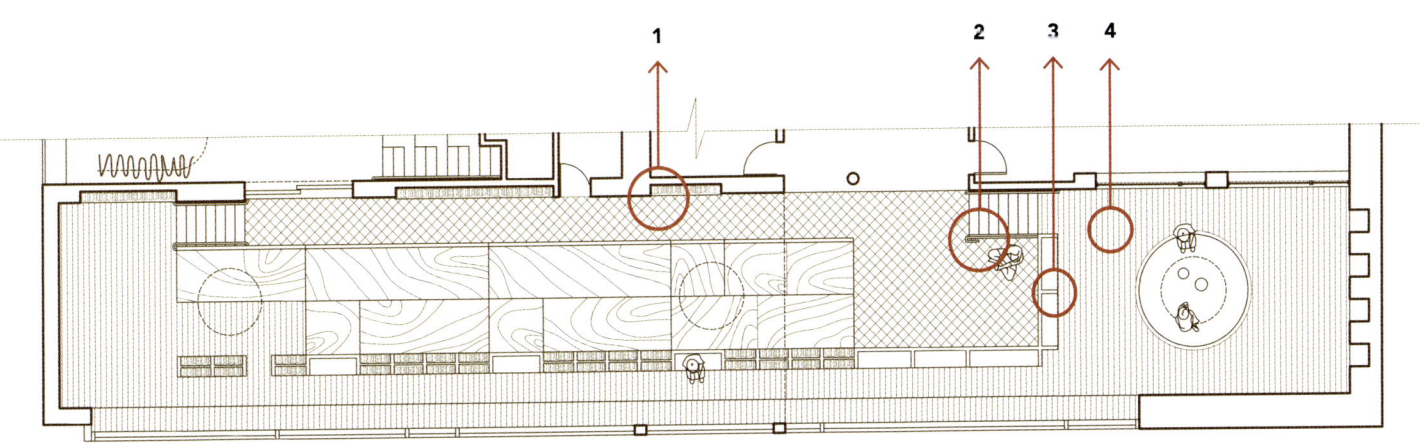

시공 도서 세트

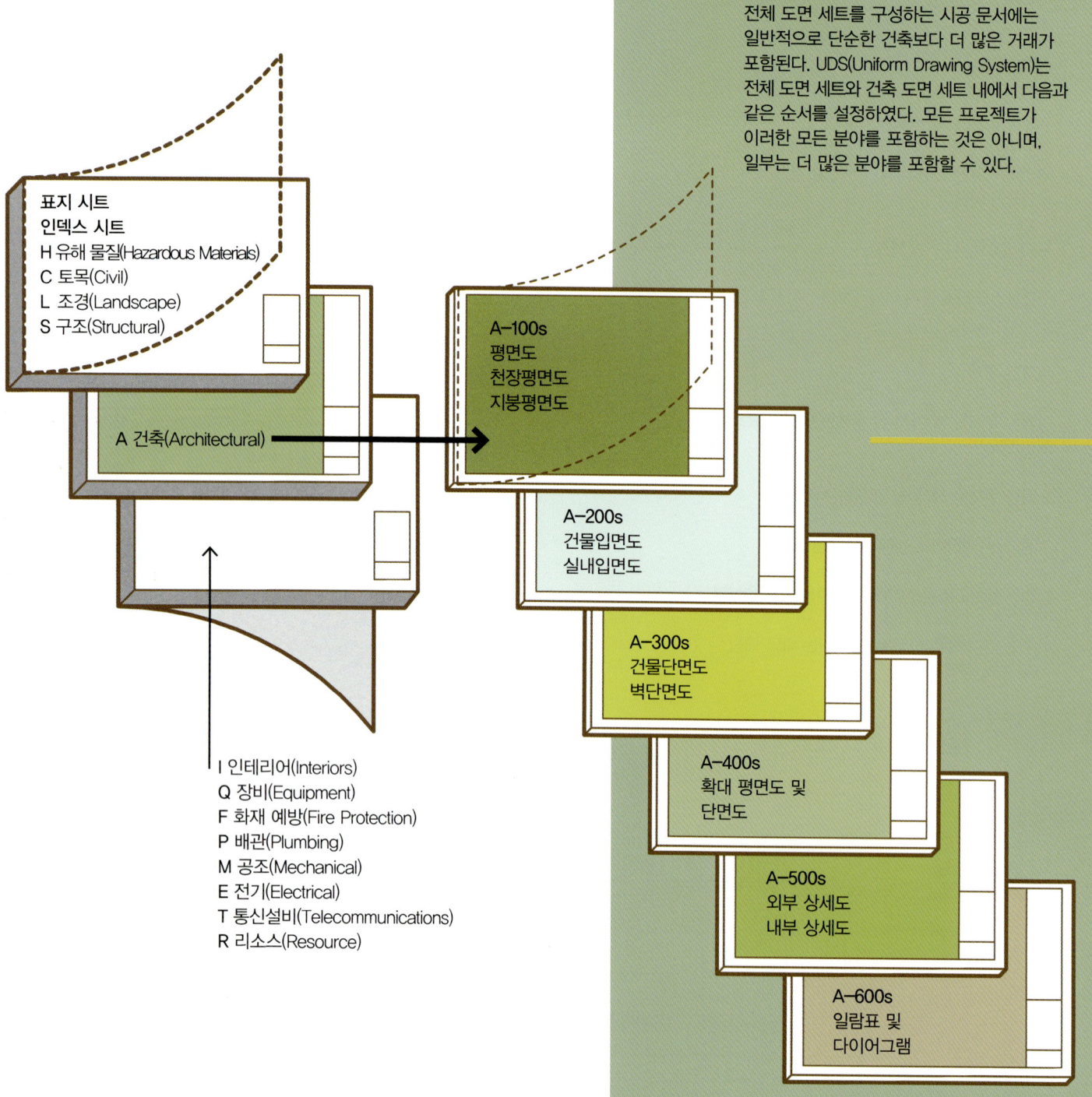

도면 세트
전체 도면 세트를 구성하는 시공 문서에는 일반적으로 단순한 건축보다 더 많은 거래가 포함된다. UDS(Uniform Drawing System)는 전체 도면 세트와 건축 도면 세트 내에서 다음과 같은 순서를 설정하였다. 모든 프로젝트가 이러한 모든 분야를 포함하는 것은 아니며, 일부는 더 많은 분야를 포함할 수 있다.

표지 시트
인덱스 시트
H 유해 물질(Hazardous Materials)
C 토목(Civil)
L 조경(Landscape)
S 구조(Structural)
A 건축(Architectural)
I 인테리어(Interiors)
Q 장비(Equipment)
F 화재 예방(Fire Protection)
P 배관(Plumbing)
M 공조(Mechanical)
E 전기(Electrical)
T 통신설비(Telecommunications)
R 리소스(Resource)

A-100s
평면도
천장평면도
지붕평면도

A-200s
건물입면도
실내입면도

A-300s
건물단면도
벽단면도

A-400s
확대 평면도 및 단면도

A-500s
외부 상세도
내부 상세도

A-600s
일람표 및 다이어그램

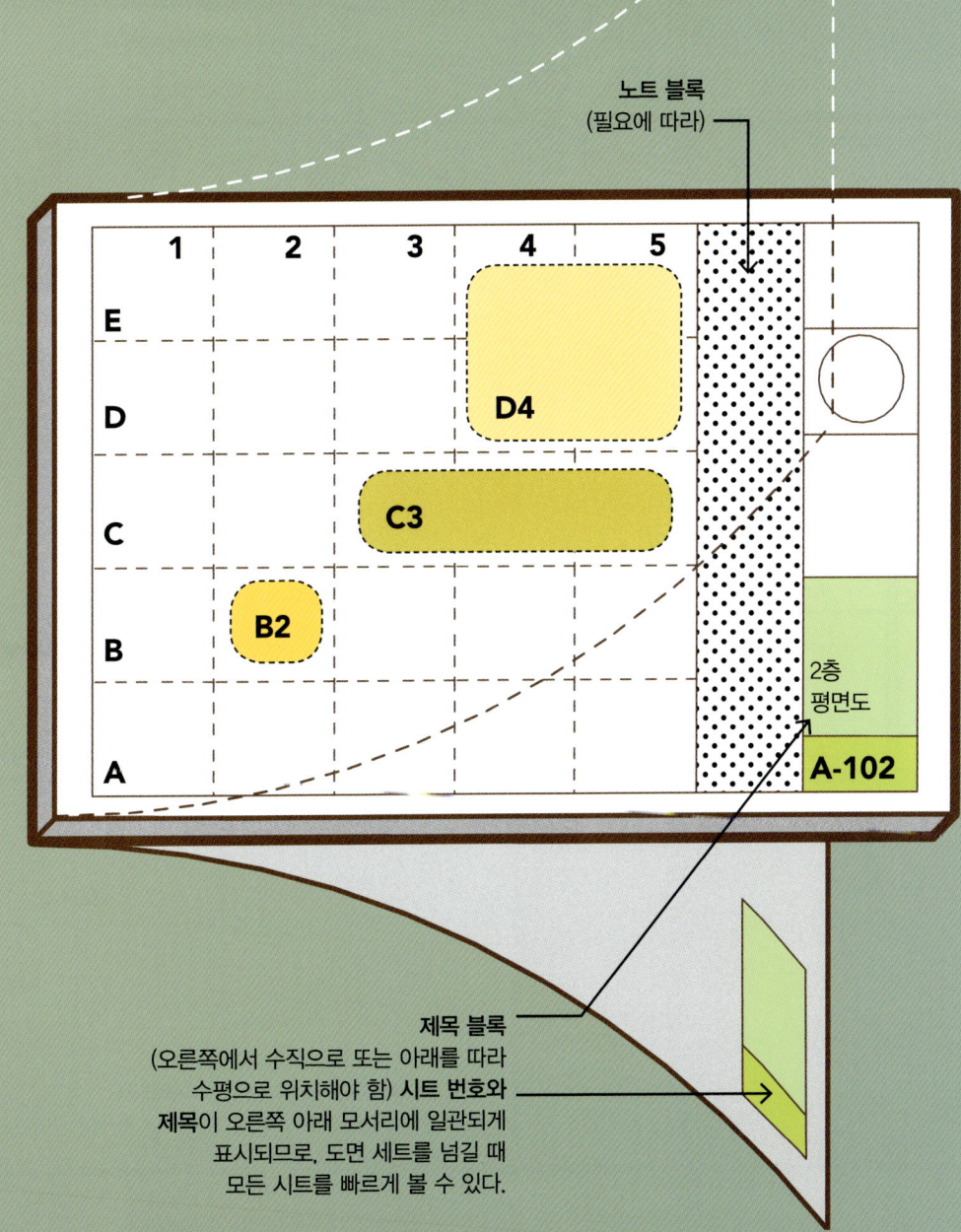

도면 시트 배열
여기에 표시된 것은 NIBS(National Institute of Building Sciences) 및 국립 캐드 표준을 기반으로 하는 일반적인 시트의 번호 지정 좌표계이다.

노트 블록
(필요에 따라)

제목 블록
(오른쪽에서 수직으로 또는 아래를 따라 수평으로 위치해야 함) **시트 번호와 제목**이 오른쪽 아래 모서리에 일관되게 표시되므로, 도면 세트를 넘길 때 모든 시트를 빠르게 볼 수 있다.

표준 종이 규격

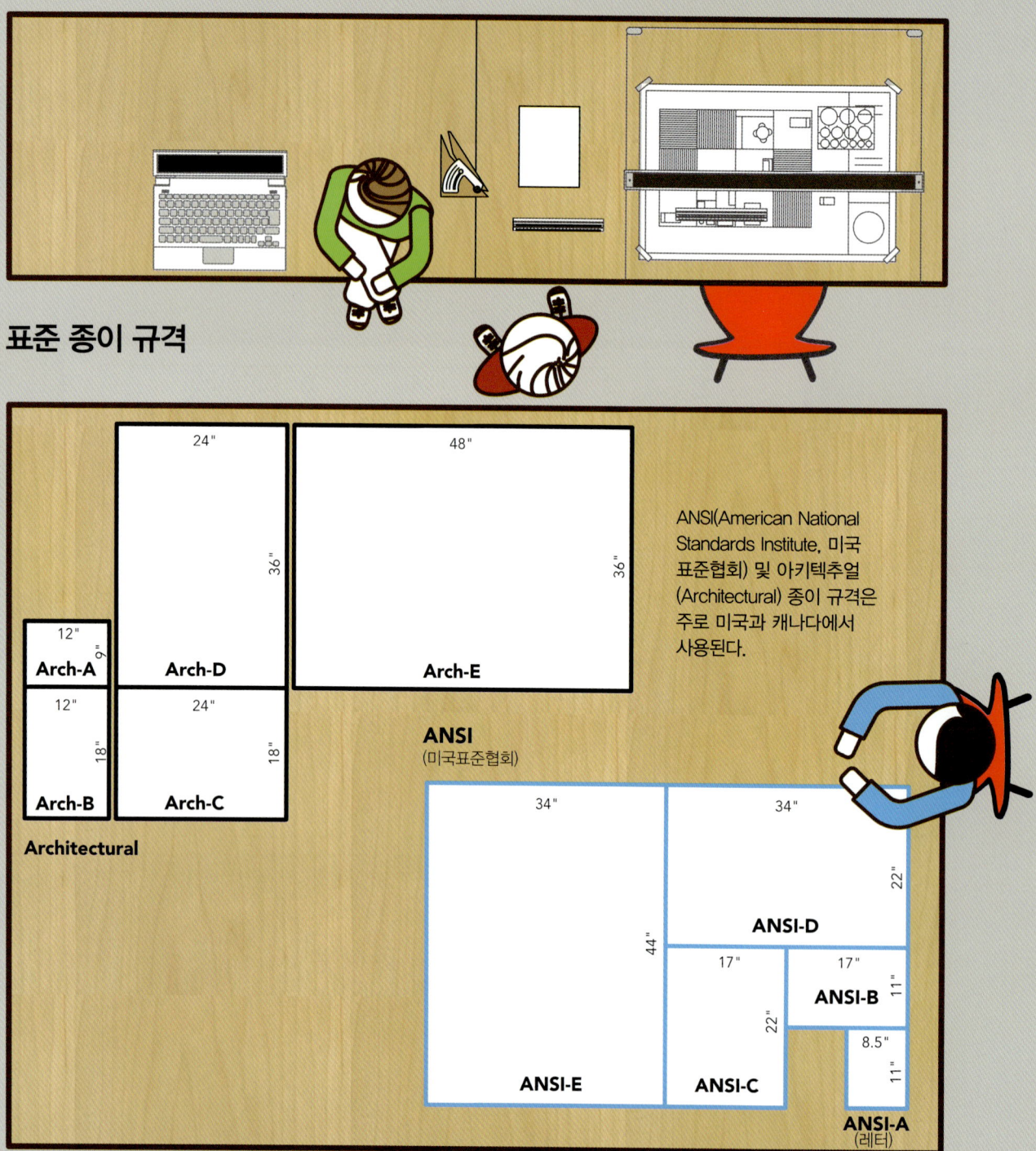

ANSI(American National Standards Institute, 미국표준협회) 및 아키텍추얼(Architectural) 종이 규격은 주로 미국과 캐나다에서 사용된다.

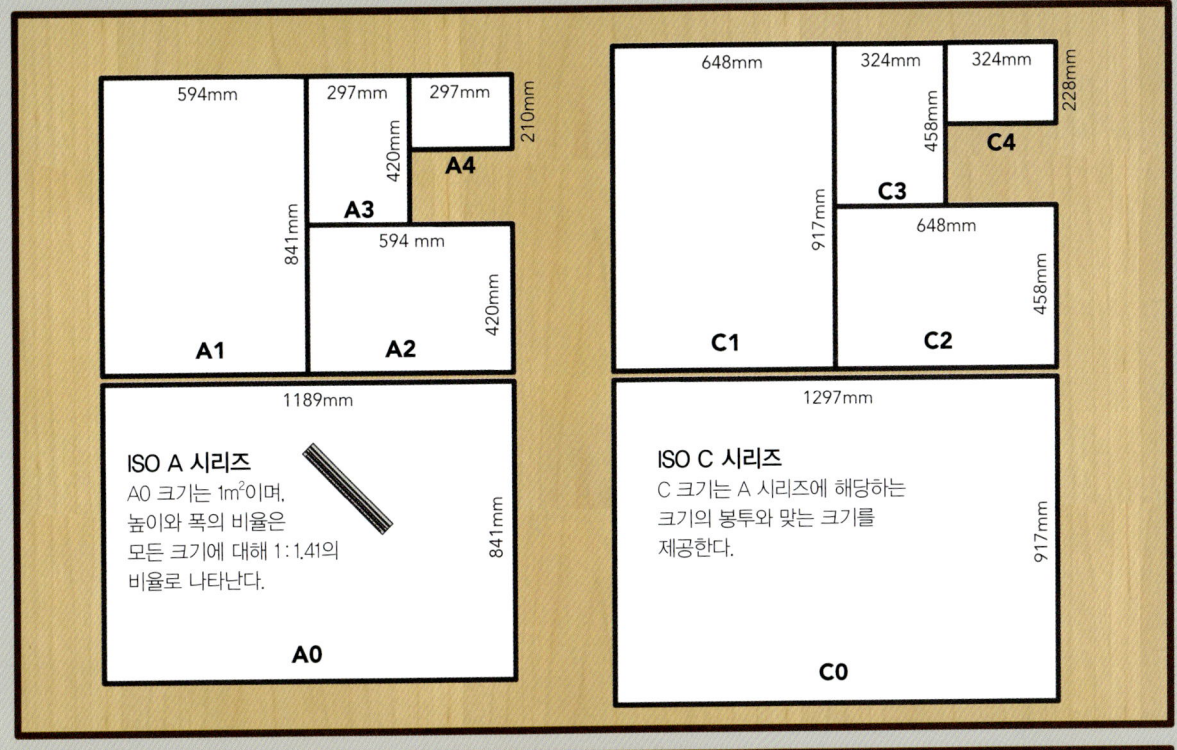

측정

미국 관습 단위
(U.S. Customary 단위)

관습 단위는 종종 미국에서 영국식 또는 표준 단위라고 일컫는다. 그것은 피트feet와 인치inch를 거리 및 면적 측정의 기초로 사용하는 영국의 제국 단위imperial units에서 유래되었다.

측정을 통한 사고

측정 단위로 빠르게 생각하는 것은 경험과 함께 제공되는 기술이며, 관습 및 미터법 단위를 빠르게 파악하는 것은 측정에서 이중 언어를 구사하는 것과 유사하다. 두 시스템에서 비교할 수 있는 몇 가지 길이, 면적 및 부피에 대한 기본적인 지식은 변환을 직관적이고 상대적인 프로세스로 만드는 데 큰 도움이 된다.

이 크기는 서로 같지 않지만(100제곱피트는 9.3제곱미터와 같음) 두 측정 단위로 비교 가능한 크기를 나타내며, 한 시스템을 다른 시스템과 빠르게 연관시킬 수 있는 기반을 제공한다.

분수	소수
1/16	0.0625
1/8	**0.1250**
3/16	0.1875
1/4	**0.2500**
5/16	0.3125
3/8	**0.3750**
7/16	0.4375
1/2	**0.5000**
9/16	0.5625
5/8	**0.6250**
11/16	0.6875
3/4	**0.7500**
13/16	0.8125
7/8	**0.8750**
15/16	0.9375
1/1	**1.0000**

관습단위

1foot	
1inch	
1square foot(sf)	
100sf	
1,000sf	
0.39inches	
3.94inches	
3.28feet	
10.76sf	

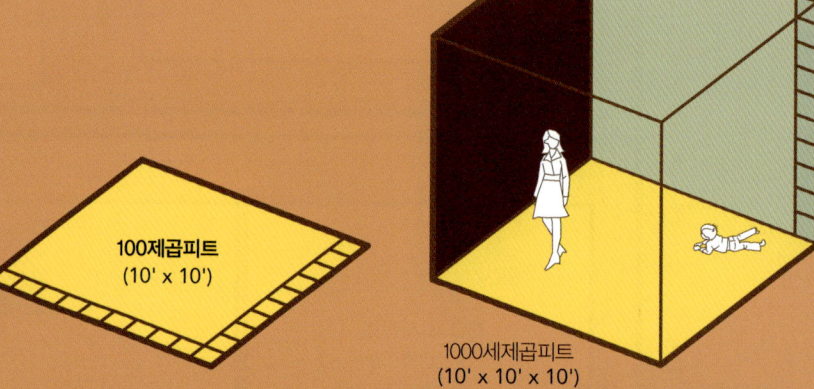

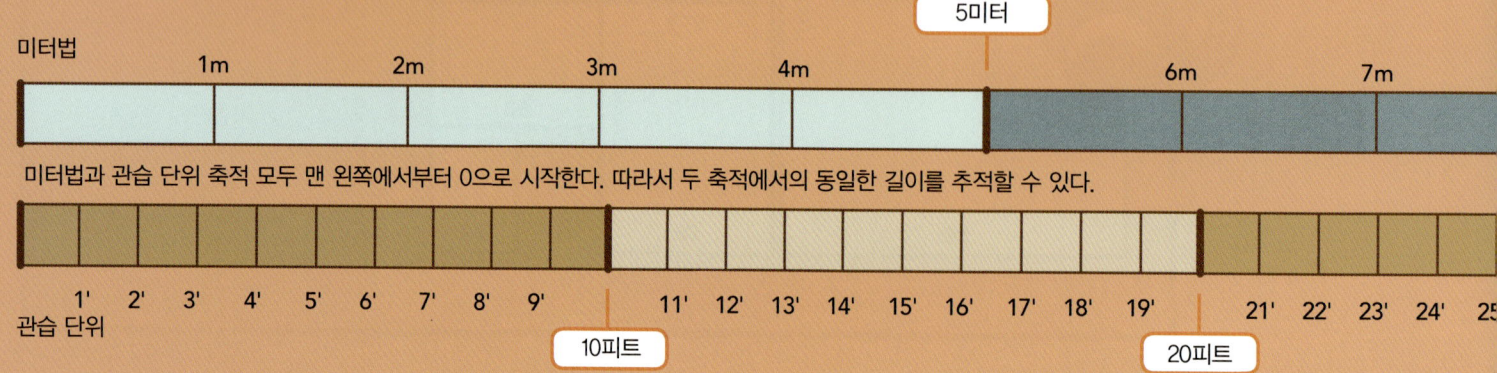

미터법과 관습 단위 축적 모두 맨 왼쪽에서부터 0으로 시작한다. 따라서 두 축적에서의 동일한 길이를 추적할 수 있다.

02 표준 형식

미터법

- 304.8mm(300mm)
  0.3048m(0.3m)
- 25.4mm(25mm)
- 0.093square meter(m²)
- 9.3m²
- 92.9m²
- 10mm
- 100mm
- 1meter
- 1square meter

미터 단위(SI)

공식적으로 국제단위계(Systeme International d'Unites, 대부분의 언어에서 SI라고 축약됨)라고 하는 미터법 체계는 과학, 무역 및 상업 분야에서 보편적으로 인정되는 단위 체계이며, 대부분 국가에서 공식 측정 체계로 채택되었다. 미국에서 미터법이 아직 확립되지 않았다는 사실에도 불구하고, 거의 모든 연방정부 지원 건축 프로젝트는 SI 단위로 이루어져야 한다. 그러나 건축 거래에서 미국의 총 측정법은 계획 그리드가 관습적인 단위(예를 들어, 8인치는 벽돌, 4피트는 건식벽체)인 건축 제품 및 자재를 표준 미터법에 맞도록 실제 치수를 변경해야 한다.

일반적인 변환에서 미터법으로 또는 그 반대로 변환할 때 '소프트' 또는 '하드' 변환 전략을 사용할 수 있다. 소프트 변환은 정확한 동등성에 가깝지만, 하드 변환은 더 깨끗하고 합리적인 동등성을 위해 반올림 또는 내림을 통해 이루어진다.

소프트: 12inches = 305mm

하드: 12inches = 300mm

27세제곱미터
(3m x 3m x 3m)

9제곱미터
(3m x 3m)

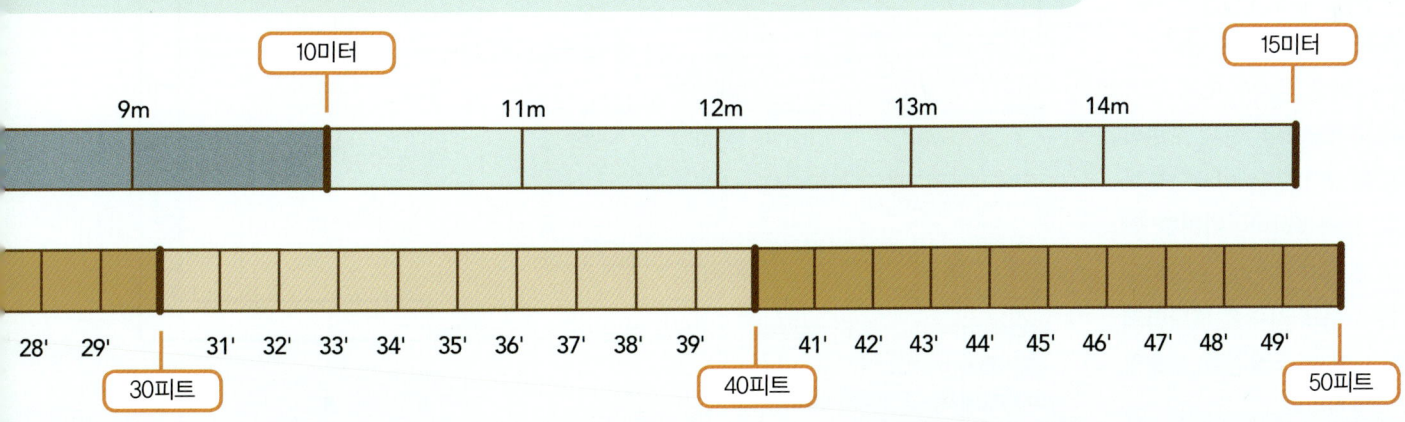

축척

대부분의 건축물은 종이보다 크기 때문에 실물 크기의 설계 도면을 제작하는 것은 불가능하다. 손으로 도면을 작성하는 경우 도면 작성을 시작하기 전에 원하는 축척을 설정한 다음, 해당 도면에 대해 해당 축척으로 일관되게 그려야 한다. 이 프로세스는 3면에 일반적으로 사용되는 12개의 축척이 적혀 있는 건축가의 스케일을 사용하여 지원되므로, 축척을 통한 치수를 빠르고 쉽게 결정할 수 있다.

컴퓨터를 사용하여 만든 도면 및 모델링에서는 실물 크기로 작업한 다음, 도면을 인쇄하거나 출력할 때는 원하는 축척으로 설정하는 것을 권장한다.

도면의 축척이 증가함에 따라 더 작은 영역에 걸쳐 더 많은 상세도가 표시될 수 있다. 특히 실시설계도에서는 서로 다른 축척의 도면들이 한 페이지 안에 여러 개 있으면 각각의 도면 축척이 표기되어야 한다.

도면을 책이나 웹사이트와 같이 다른 곳에서 재현되는 경우 도면이 항상 의도한 축척으로 인쇄되도록 하는 것은 불가능하다. 이러한 이유로 도면에 상대적으로 조정되고 항상 도면의 주요 치수를 명확하게 표시하는 그래픽 스케일을 사용하는 것이 바람직하다.

비교 가능한 축척

관습적인 축척은 한쪽 발과의 관계에 의해 이해된다. 미터법 척도는 비율로 작동한다. 주목해야 할 점은 그것이 실제 규모와 같지 않다는 점이다. 실제 규모와 같지 않다. 대신 그 비율은 다음과 같이 결정된다.

$\frac{1}{4}" = 1'$ (or 12")
그러므로 $1" = 4" \times 12"$ (또는 1 : 48)

관습 단위 축척	미터법 축척
1/16" = 1' 0"(1 : 192)	1 : 200
3/32" = 1' 0"(1 : 128)	1 : 125
1/8" = 1' 0"(1 : 96)	1 : 100
3/16" = 1' 0"(1 : 64)	
1/4" = 1' 0"(1 : 48)	1 : 50
3/8" = 1' 0"(1 : 32)	
1/2" = 1' 0"(1 : 24)	1 : 25
3/4" = 1' 0"(1 : 16)	
1" = 1' 0"(1 : 12)	1 : 10
1 1/2" = 1' 0"(1 : 8)	
3" = 1' 0"(1 : 4)	1 : 5

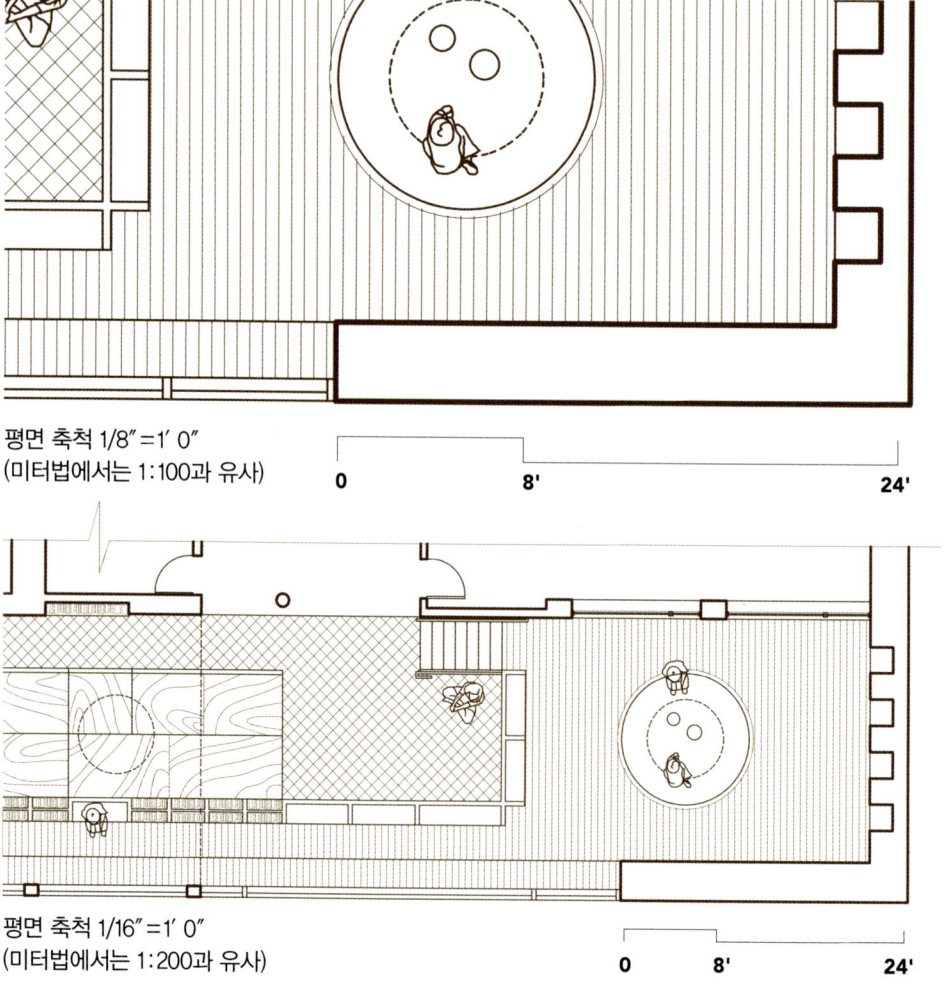

평면 축척 1/8″ = 1′ 0″
(미터법에서는 1:100과 유사)

평면 축척 1/16″ = 1′ 0″
(미터법에서는 1:200과 유사)

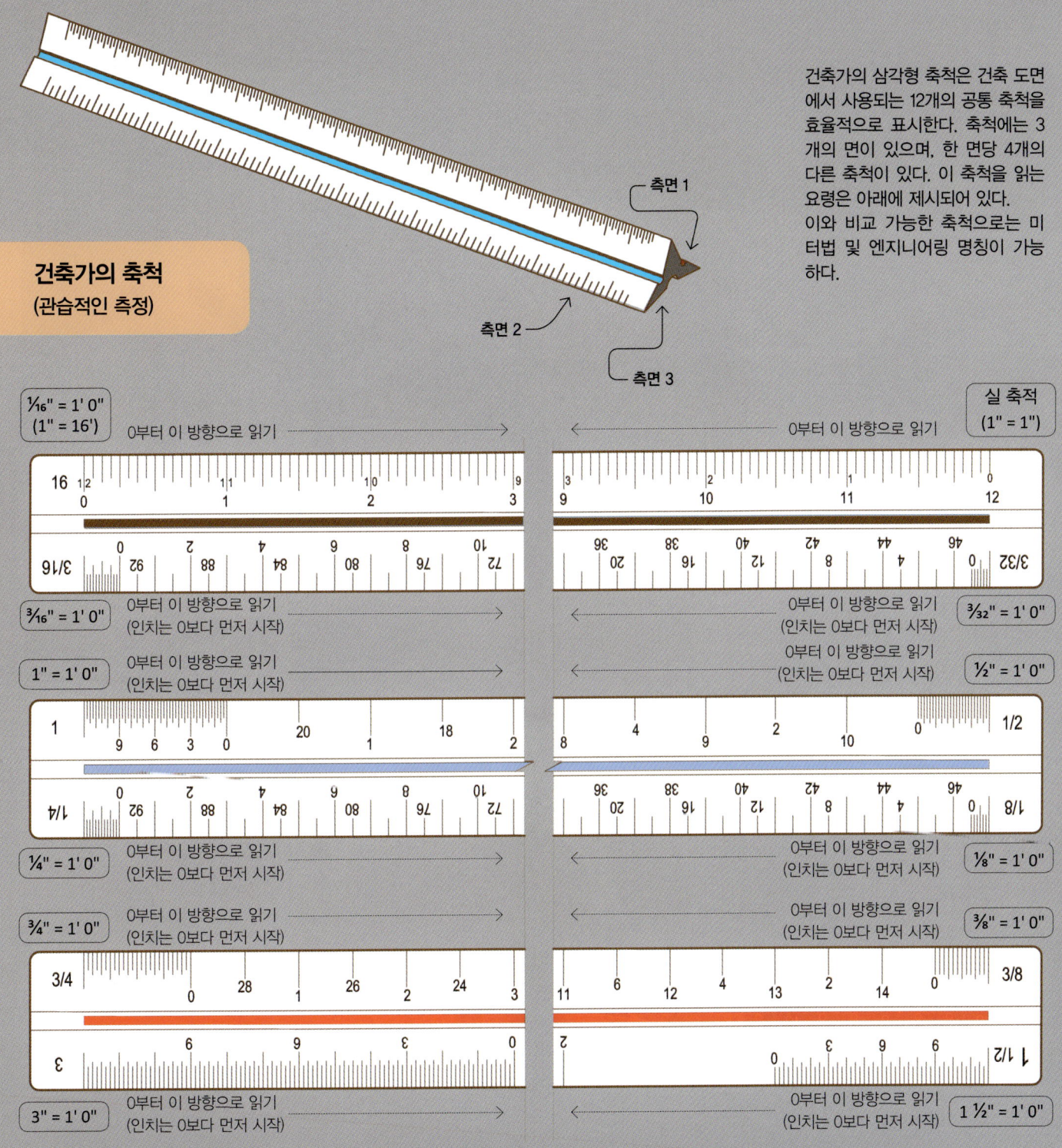

비교 가능한 축척

미국 단위(U.S. Customary 단위)
1″ = 40′ 0″
(1 : 480)

미터법(SI 단위)
1 : 500

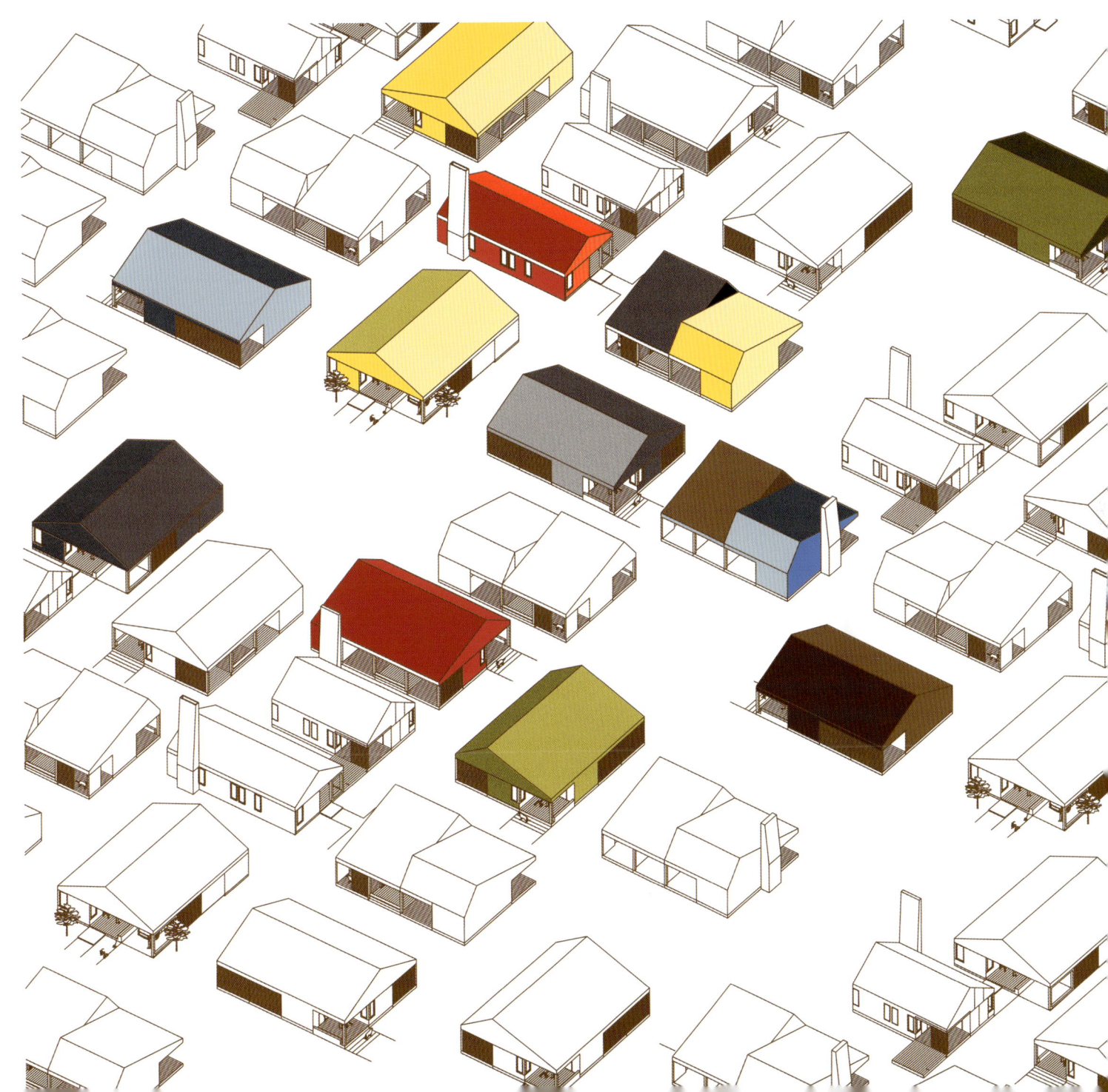

비교 가능한 축척

> 미국 단위(U.S. Customary 단위)
> 1/16" = 1' 0"
> (1 : 192)

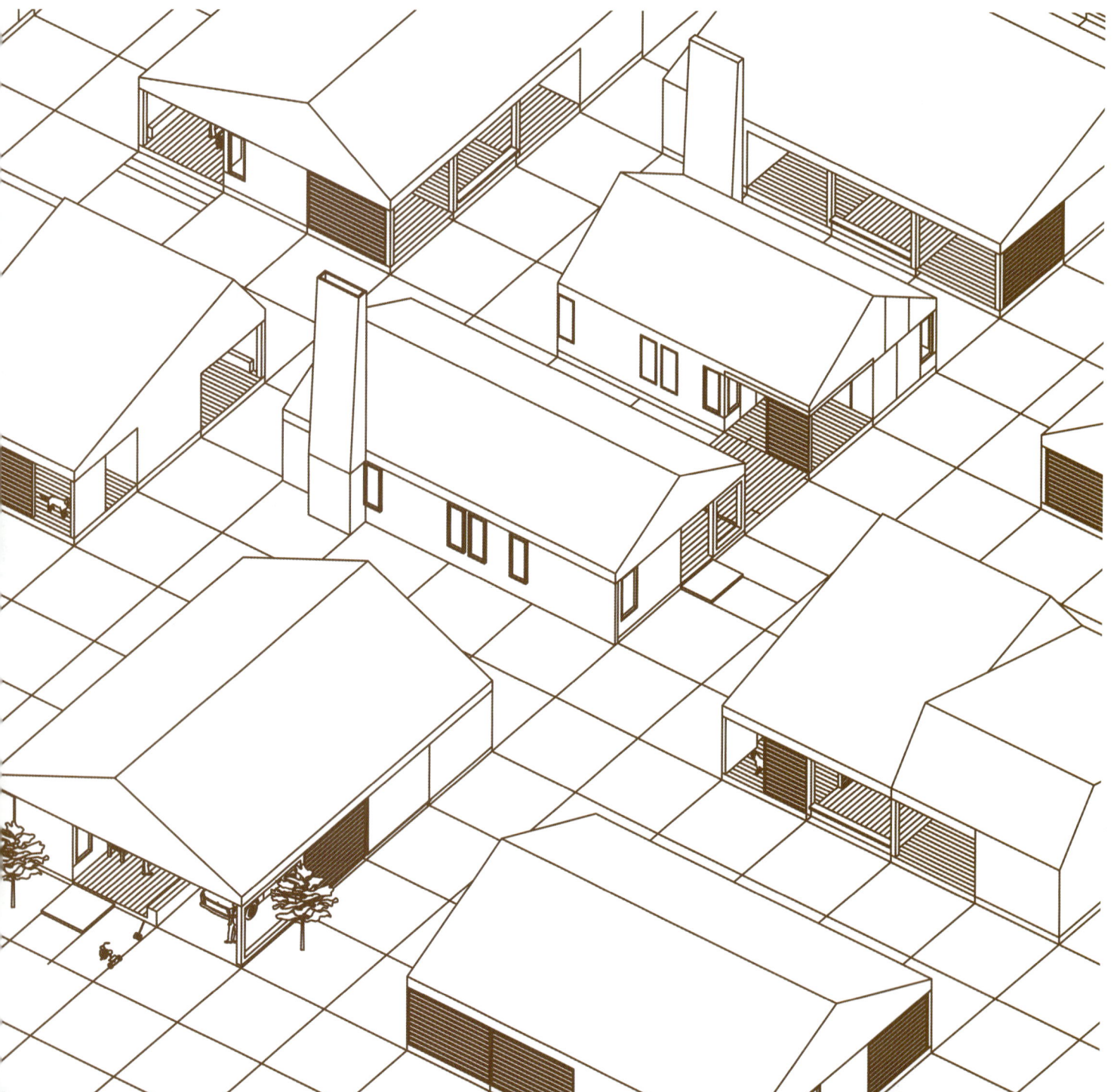

02 표준 형식　117

미터법(SI 단위)
1 : 200

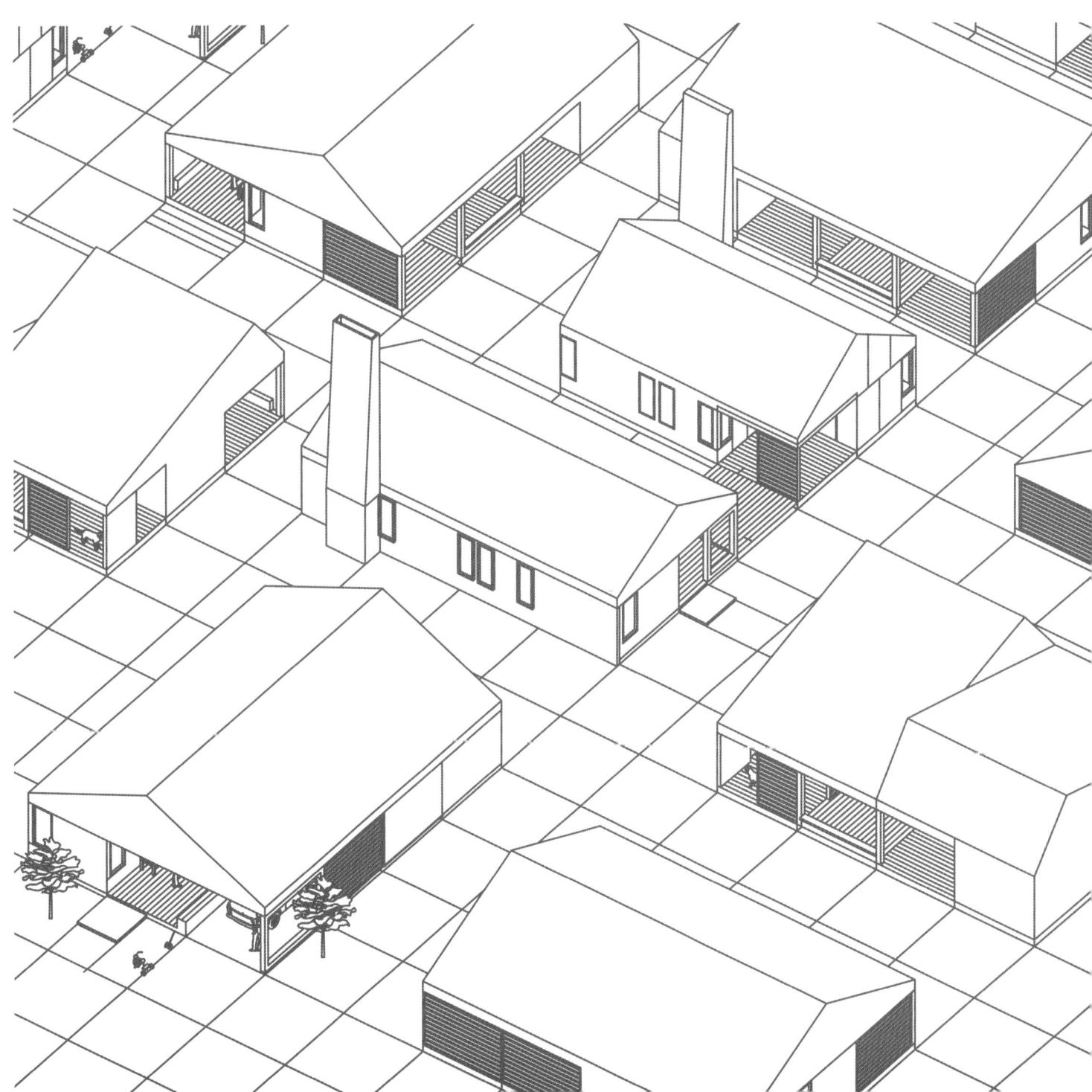

비교 가능한 축척

미국 단위(U.S. Customary 단위)
1/8″=1′ 0″
(1 : 96)

미터법(SI 단위)
1:100

비교 가능한 축척

미국 단위(U.S. Customary 단위)
1/4″ = 1′ 0″
(1 : 48)

미터법(SI 단위)
1:50

비교 가능한 축척

미국 단위(U.S. Customary 단위)
1/2″ = 1′ 0″
(1 : 24)

미터법(SI 단위)
1 : 25

도면 및 디지털 제작

컴퓨터는 이전에는 상상할 수 없었던 설계를 탐색, 생성 및 구축하는 방법을 건축에 도입하였다.

끊임없이 진화하는 그래픽, 제도, 모델링, 렌더링, 파라메트릭 프로그램 및 플랫폼 컬렉션은 건축가의 손에 상당한 힘을 부여하여 비교할 수 없는 공간, 재료 및 경험적 혁신을 가능하게 한다. 궁극적으로 이러한 디지털 인터페이스는 아무리 정교하더라도 여전히 도구에 불과하다. 그것들은 디자인 사고의 목적이 아니라 수단이며, 그것들이 가능하게 하는 도면, 이미지, 모델 및 가상 세계를 지배하는 것은 여전히 디자이너의 책임이다.

컴퓨터는 오늘날 건축가가 설계 문제를 통해 건축가들의 사고방식에 영향을 줄 수밖에 없지만, 배가 조종하지 않도록 건축가는 여전히 배를 조종해야 한다.

디지털 그래픽 용어

건물정보모델링
(BIM, Building Information Modeling)
공통 데이터베이스의 여러 사용자가 모델에 대한 3차원 정보를 공유할 수 있는 디지털 모델링

이미지 해상도
래스터화된 이미지가 보유하는 세부 정보의 양으로, 인치 또는 센티미터당 픽셀로 결정된다. 영역당 픽셀 수가 많을수록 해상도가 높아지고 파일 크기가 커진다.

모델(디지털)
컴퓨터로 생성된 설계 개념을 3차원으로 표현한 것이다.

모델(실물)
판지, 마분지, 폼코어 또는 기타 재료로 만든 건물 또는 설계 요소의 실물 모형이다.

파라메트릭 디자인(Parametric Design)
설계 또는 건물 요소에 대한 3차원 정보가 데이터 세트로 저장되는 디지털 모델링이다.

래스터 그래픽(Raster Graphic)
픽셀 그리드(비트맵)으로 구성된 이미지. 픽셀이 많을수록 해상도가 높아지고 디지털 파일 크기가 커진다. 래스터 이미지는 원래 크기에서 확대할 때 화질이 손실되어 이미지가 들쭉날쭉하고 픽셀이 있는 것처럼 보인다. 래스터 그래픽의 일반적인 확장자는 .bmp, .tif 및 .jpeg가 있다.

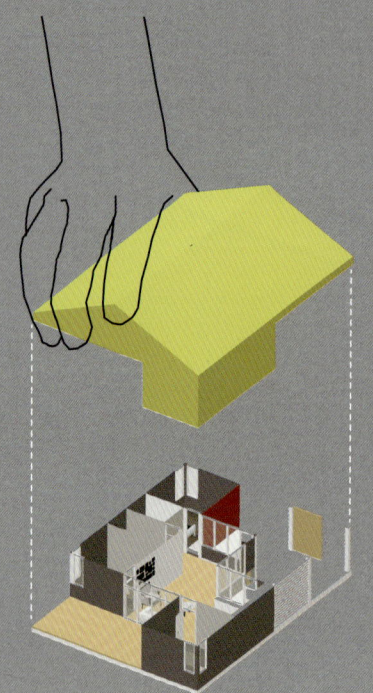

넙스
(NURBS, Non-Uniform Rational B-Spline)
제어점과 제어면을 통해 매우 정확한 곡선과 곡면을 가진 디지털 모델을 생성하고 표현할 수 있다.

벡터 그래픽(Vector Graphic)
점, 선, 곡선 및 다각형과 같은 기하학적 기본 형태로 표시 및 저장되는 경로로 구성된 그래픽이다. 벡터는 픽셀이 아닌 경로로 구성되기 때문에 벡터의 크기가 증가하거나 감소하더라도 선명도와 깨끗한 가장자리가 유지된다. 벡터 그래픽의 일반적인 확장자로는 .ai(Adobe Illustrator), .eps(encapsulated postscript), .svg(scalable vector graphics), and .dwg(drawing file)가 있다.

X, Y, Z축
X축과 Y축이 2차원 평면을 설정하고, Z축이 3차원을 설정하는 데카르트 좌표계의 세 방향을 가리킨다.

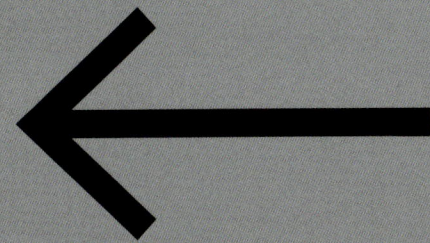

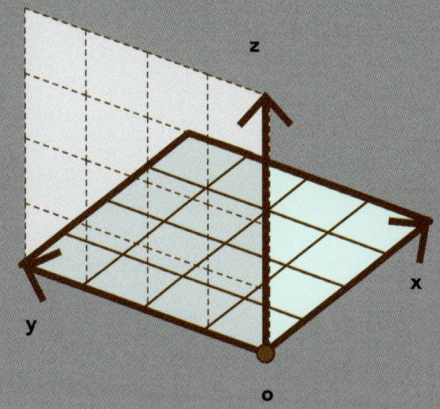

와이어프레임(Wireframe)
모든 정점을 연결하는 선으로 표시되고, 해치나 음영이 없는 디지털 모델의 표현. 모델의 와이어프레임은 매스 작업의 골격을 나타내는 엑스레이(X-Ray) 선과 같다.

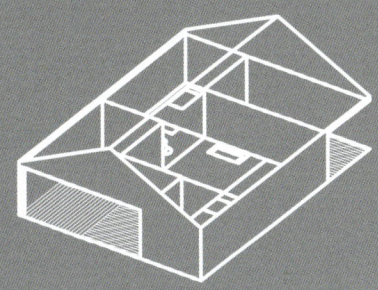

디지털 프로그램

현재 건축가와 디자이너는 기본적인 것부터 매우 정교한 것까지 수많은 프로그램과 디지털 인터페이스를 마음대로 사용할 수 있다. 일반적으로 사용되는 2D, 3D 및 그래픽 프로그램에 관한 설명이 아래에 요약되어 있다. 그러나 디지털 툴을 활용한 개발은 빠르게 이루어지므로, 항상 최신 소프트웨어에 대한 정확한 목록이 정해져 있지 않으며, 그것에 관한 정보도 변경되지 않도록 보장할 방법도 없다.

이 책에서 새로 제작된 일러스트레이션 페이지 레이아웃은 다음과 같은 프로그램을 포함한다.

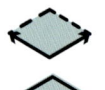
 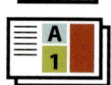 

 2차원 도면 (2-D Drafting)

 3차원 모델링 (3-D Modeling)

 렌더링 (Rendering)

 넙스 (NURBS)

 애니메이션 (Animation)

 파라메트릭 (Parametric)

 그래픽과 텍스트 (Graphics and Text)

 페이지 레이아웃 (Page Layout)

 벡터 기반 (Vector-based)

레스터 기반 (Raster-based)

레빗(Revit, BIM 프로그램)

오토데스크(Autodek)사

이 건물정보모델링(Building Information Modeling, BIM) 소프트웨어를 사용하면 설계를 3차원(3D)으로 개발하고, 2차원(2D) 평면에 주석을 달고, 모델에 내재한 데이터베이스를 통해 공유할 수 있다. 모델과 조립품을 지능적으로 연결하는 데 시간과 일정을 도입하는 4차원(4D) 건물정보모델링이 가능하다.

2000년: 레빗 1.0 버전, 레빗 테크놀로지 기업
2002년: 레빗 4.1 버전 출시
2002년: 오토데스크 회사로부터 매각됨

오토캐드(AutoCAD)

오토데스크(Autodek)사

2차원 및 3차원 캐드(CAD, Computer-Aided Design) 도면작성 및 모델링 프로그램

1982년: 데스크톱 응용프로그램 출시
2014년: 28번째 버전 출시

라이노(Rhino)

로버트 맥닐 어소쉬에이츠 (Robert McNeel&Associates)

곡선과 표면 표현에 특히 뛰어난 넙스(NURBS) 기반 3차원 모델링 소프트웨어이다. 여기에는 컴퓨터 설계에 사용하기 위한 스크립트 언어와 그래스하퍼(Grasshopper) 플러그인이 포함된다. 오토캐드를 포함한 다양한 캐드 형식을 지원한다.

스케치업(Sketchup)

트림블(Trimble)

이 3차원 모델링 프로그램은 솔리드 대신에 평면과 면에서 작업이 이루어진다.

2000년: @라스트 소프트웨어
 (@Last Software)로부터 개발됨
2006년: 구글(Google)로부터 매각됨
2013년: 트림블(Trimble)로부터 매각됨

Sketchup Make: 무료 버전
Sketchup Pro: 개선된 레이아웃 및 플러그인 기능이 추가된다. 모델은 수많은 렌터링 인터페이스로 내보낼 수 있다.

일러스트레이터(Illustrator)

어도비 시스템즈(Adobe Systems)

3차원 모델링 응용 프로그램에서 가져온 도면의 선 및 색상의 후속 작업에 자주 사용되는 벡터 그래픽 편집 프로그램. 플래시 그래픽을 사용하여 일러스트레이터에서 애니메이션을 만들 수 있다.

1987년: 일러스트레이터
 1.0 버전 출시

  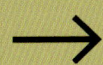 

마야(Maya)

오토데스크(Autodek)사

3차원 컴퓨터 그래픽 소프트웨어는 비디오게임, 시각 효과 및 애니메이션 영화와 같은 대화형 3차원 환경을 제작하는 데 자주 활용된다.

1998년: 알리사 웨이브프런트(Alisa Wavefront)
 로부터 최초 출시됨
2005년: 오토데스크(Autodek)사로부터 매각됨

포토샵(Photoshop)

어도비 시스템즈(Adobe Systems)

레스터(raster) 기반 그래픽 편집 프로그램

1990년: 포토샵 1.0 버전 출시
1993년: 포토샵 3.0 버전 출시. 레이어를 도입
1998년: 포토샵 5.0 버전 출시. 여러 차례 가능한 이전명령(undo) 기능 도입
2000년: 포토샵 6.0 버전 출시. 벡터 모양

타임라인(Timeline)과 키프레임(Keyframe)을 사용하여 애니메이션을 만들 수 있다.

 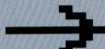

인디자인(InDesign)

어도비 시스템즈(Adobe Systems)

포스터, 책, 잡지 및 신문 제작에 사용되는 탁상 출판 응용 프로그램이다.

1999년: 인디자인 1.0 버전 출시

인디자인은 1990년대 쿼크익스프레스(QuarkXPress)와의 경쟁에서 어려움을 겪었던 이전 페이지메이커(PageMaker)를 대체하였다.

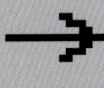 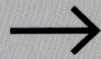

03 그래픽 표본

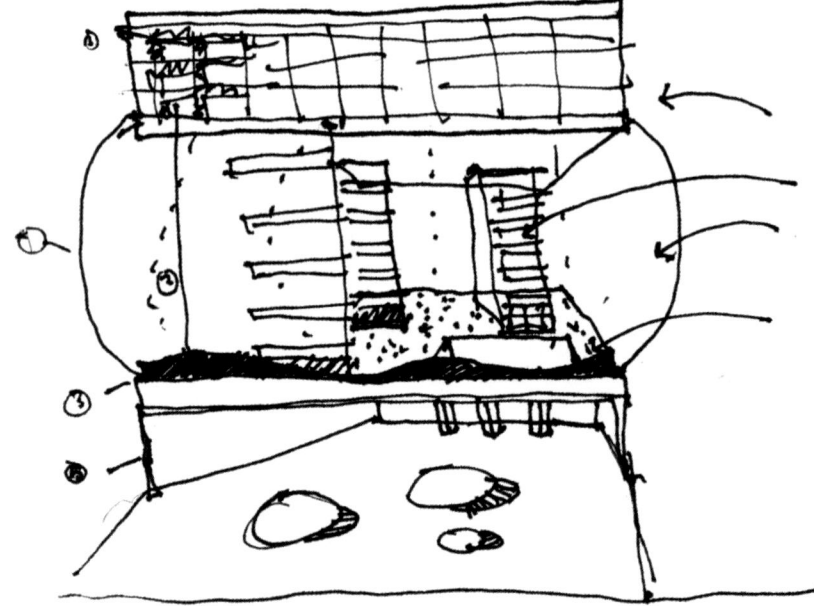

도면에서 디자인으로

건축 도면은 필수적인 자료를 포함하고 있는 문서일 뿐 아니라, 필연적으로 건축가의 개인적인 성향을 담고 있다. 더 나아가 도면은 건축이론의 그래픽 형태가 될 수 있다. 왜냐하면 건축가는 도면을 통해 자신의 설계 원리를 제시할 뿐 아니라 보는 이로 하여금 건축가의 관점의 타당성을 설득하기 위해 도면을 사용하기 때문이다.

제임스 애커먼(James Ackerman)

건축 도면의 관습과 수사학
(The Conventions and Rhetoric of Architectural Drawing)

건축 도면의 역사 또는 사실상 인류의 역사를 통해 볼 때 그동안 다양한 표현기법이 발전되었다. (이탈리아 르네상스의 중앙투영법, 바로크 시대의 빛과 그림자 수채화식 입면도 또는 중국식 빗각 투영법에서와 같이) 이러한 기법들은 그것이 확립된 시대와 문화에 의해 전적으로 발전되고 선호되어 많은 경우 그 표현기법들은 그 시대와 장소를 대표할 뿐 아니라 그로부터 유래된 건축에 상당한 영향을 끼쳤다.

건축가들은 자신들의 의도를 기술하는 데 적합한 하나의 고유한 투영법이나 표현 기법이 있다는 생각을 더 이상 고집하지 않는다. 한때 건축가들은 맥락적으로 이러한 사고를 고수했다. 혹자는 고급 디지털 모델링을 통해 가상현실 효과가 불가침의 영역으로 여겨졌던 엄격한 정투영법의 역할을 빠르게 대체하고 있다고 주장할 수도 있다. 그럼에도 불구하고 건축가들은 현재 활용 중인 다양한 표현기법을 필수적으로, 그리고 심도 있게 이해할 필요가 있다. 왜냐하면 이를 통해 다른 방법에서 놓칠 수 있는 부분과 관련하여 각 방법이 제공하는 새로운 기회를 발견할 수 있기 때문이다. 이를 통해 모든 방법이 유용한 진화의 길을 걷게 될 것이다.

사실 오늘날의 건축가들은 과거의 건축가들보다 훨씬 더 빠르게 진화할 것으로 기대되는데, 이는 자신의 실무 영역뿐만 아니라 변화하는 세계에 대한 아이디어를 표현하는 수단에서도 마찬가지다. 그렇다고 하더라도 우리의 현재 상태가 설계 작업에서 그동안 사용된 오래된 방식이나 투영도의 역할에 대해 거부하거나 종말을 의미하지 않는다. 다만 디지털이 제공하는 기회는 아직 존재하지 않는 세계를 생생하게 상상할 수 있는 흥미롭고 무한해 보이는 일련의 방법을 제시한다. 앞으로 이러한 경향은 불가피할 뿐만 아니라 필수적인 것으로 여겨지게 될 것이다.

적어도 그래픽이나 컴퓨터를 활용한 거의 모든 매체를 활용하더라도 어디에서부터 이러한 능력과 가능성을 활용할지 아는 것은 쉬운 일이 아니다. 본문에 이어지는 내용은 현재 실무에 종사하는 다양한 건축가들이 작업의 필요에 따라 도면을 이해하고 선호하는 다양한 방식을 제시한다. 사례에서 소개된 건축가들은 이전에 이해하였던 투영법이나 표현기법을 부정하기보다는 여기에 제시된 사례들을 통해 일제히 이러한 규칙을 구부리고, 부수고, 강화하고, 재창조하는 창조적 파괴의 방법을 선택하였다. 이러한 도면들은 투영도 유형과 제작 수단에 관한 복합적인 아이디어에 대하여 동시대의 태도를 적절하게 보여준다. 건축가 앤드류 자고(Andrew Zago)는 자신이 실험적인 방법으로 작성한 도면을 '이상한 칵테일'이라는 말로 요약하고 평가함으로써 이러한 경향을 가장 잘 요약하였다.

설계는 여러 가지 방법으로 실현될 수 있다. 원래부터 도면이 주된 수단이었지만, 도면은 촉진과 소통, 즉 건물이 만들어지는 과정을 보여주기 위한 가장 효과적이고 흥미로운 수단으로 의식적으로 결정이 되었다. 여기에 포함된 그래픽 사례들은 투영 또는 장면을 위한 특정 작업을 설정하는 행위로서, 도면이 여전히 발견하고, 묻고, 대답하고, 질문을 계속할 수 있는 기회라는 주장을 강조한다. 즉, 도면이 곧 디자인하는 주체가 되는 것이다.

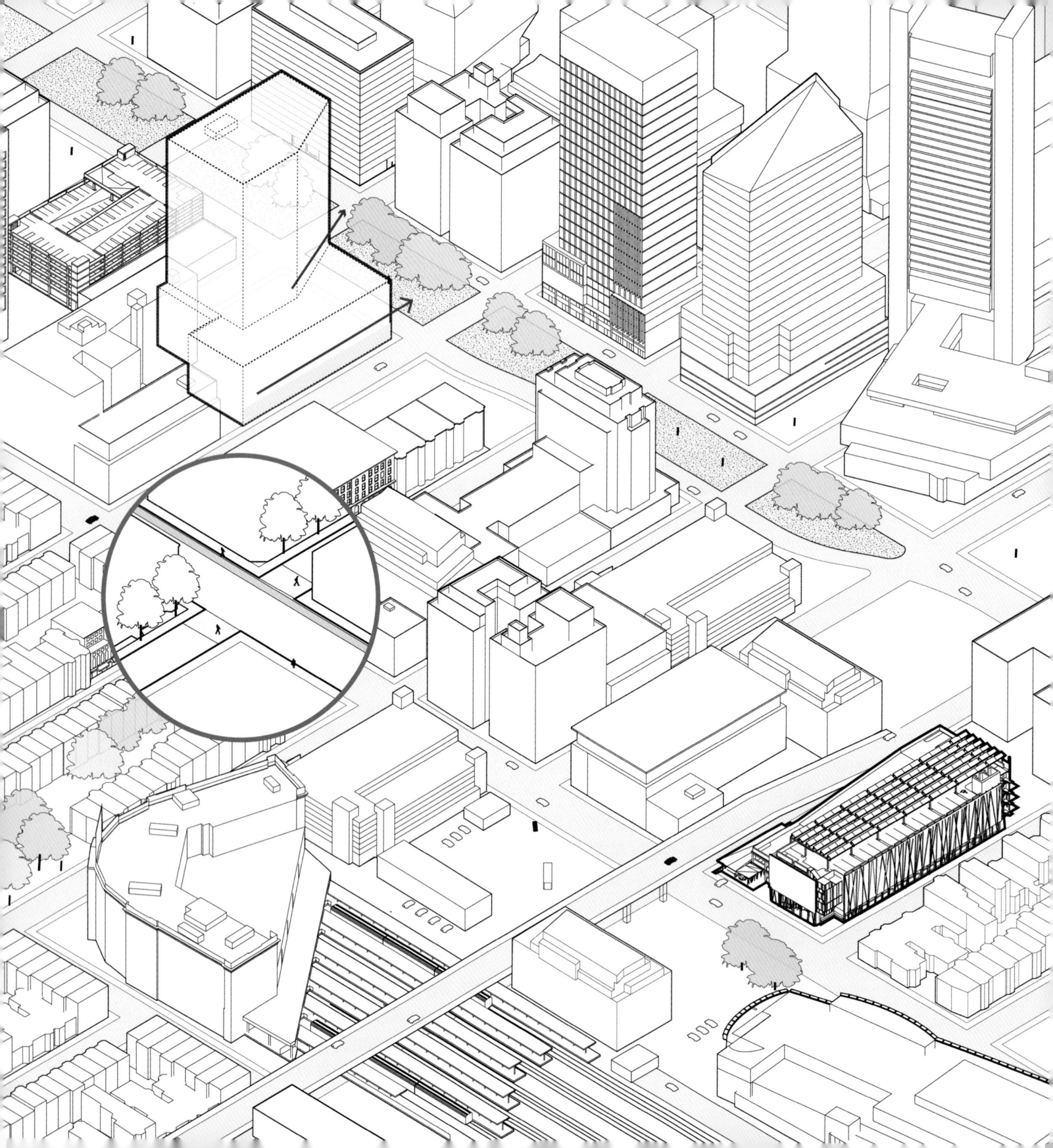

유타일 도시(Utile City)

유타일 주식회사

투영도 유형:
엑소노메트릭(Axonometric)

설계:
"이 도면은 시장 주도형 건물 유형론의 탄력성과 혁신 가능성이라는 우리의 관행에 대한 핵심 지적 선점을 명확히 하기 위해 우리가 사용하는 자기 주도형 도면이었다. 그것은 또한 도시의 공공영역에 대한 축하이자, 우리의 많은 프로젝트가 위치한 보스턴에 대한 미묘한 감사의 표시이기도 하다."

기법:
"우리에게 익숙한 보스턴 이정표와 건물 유형으로 구성된 건물들(완전히 같지 않지만)과 가상의 도시풍경을 배경으로 이 도면을 제작하였다. 이런 배경에서 우리는 많은 도시 건축과 공공영역의 프로젝트들을 배치하였다. 전체 그림은 스케치업을 통해 생성되었으며, 일부 후속 작업은 어도비 일러스트레이터 프로그램에서 수행되었다."

팔리로(Faliro) 부두

포인트 슈프림(Point Supreme) 건축가

투영도 유형:
1점 투시도

설계:
"팔리로 부두는 바다와 관련된 활동들을 아테네의 일상생활과 통합한다. 부두에서의 활동은 페리 보트와 양쪽에 있는 수상택시 공원으로 확장된다. 페리보트는 소니오 곶까지 이르는 해상 노선과 함께 문화 및 다른 행사를 개최할 것이고, 수상택시는 아테네의 해안선을 따라 아테네인과 관광객을 다양한 장소로 수송하여 도시의 대중교통망을 수변공간으로 확장한다. 이 프로젝트의 그래픽 특성은 해양 사물과 보트로 이루어진 기호학을 담당한다."

기법:
혼합된 미디어 콜라주. "이 이미지는 포인트 슈프림의 작품에서 흔히 볼 수 있는 것처럼, 주변 도시와 관련된 프로젝트와 그것과 중요한 관련이 있다고 생각되는 요소들, 즉 주변의 산, 아크로폴리스, 경기장, 새로운 오페라 하우스(예정) 그리고 해안가의 건물들을 보여준다."

팔리로 부두(Faliro Pier),
페리보트에서 보기(view from ferryboat)

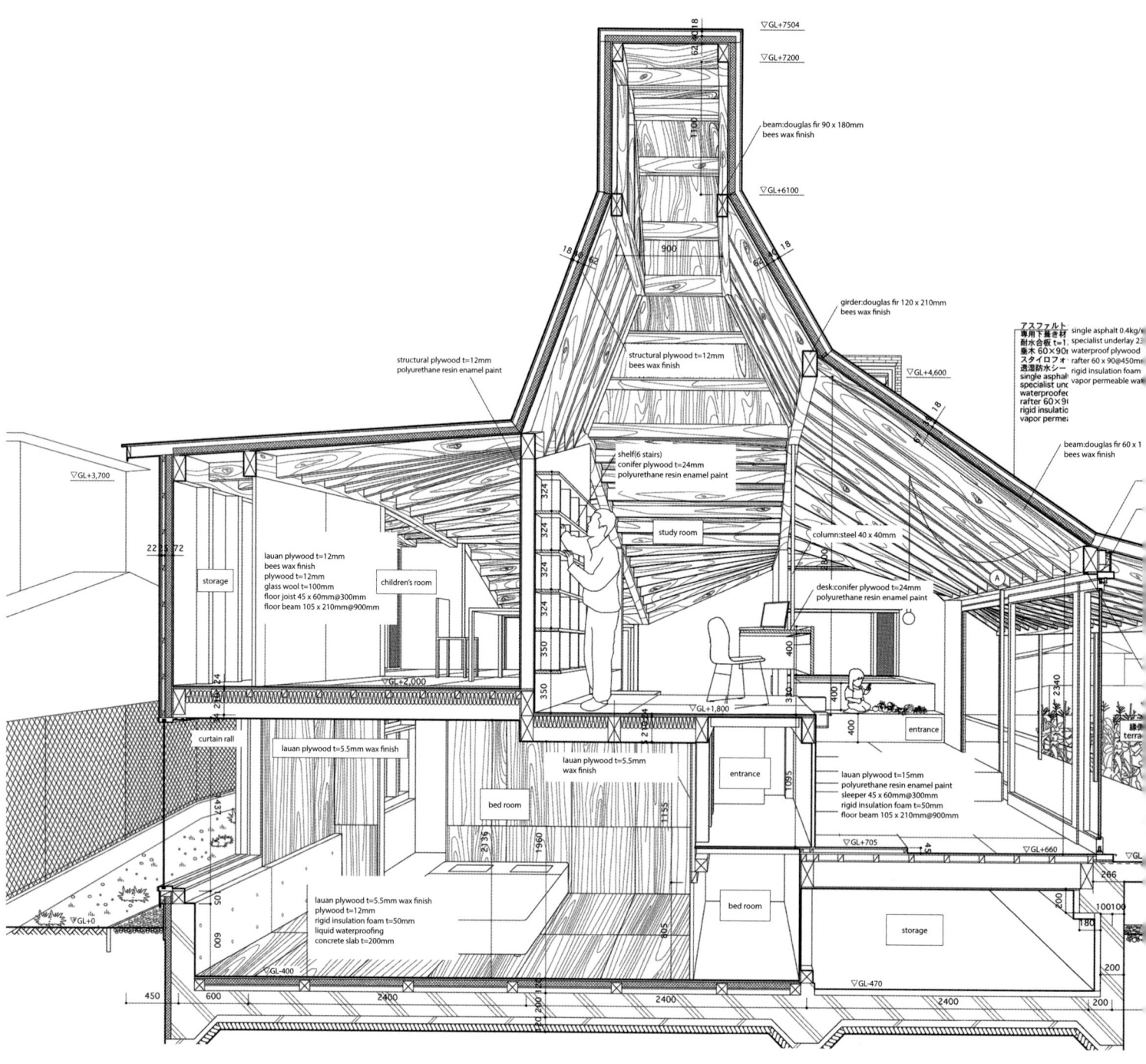

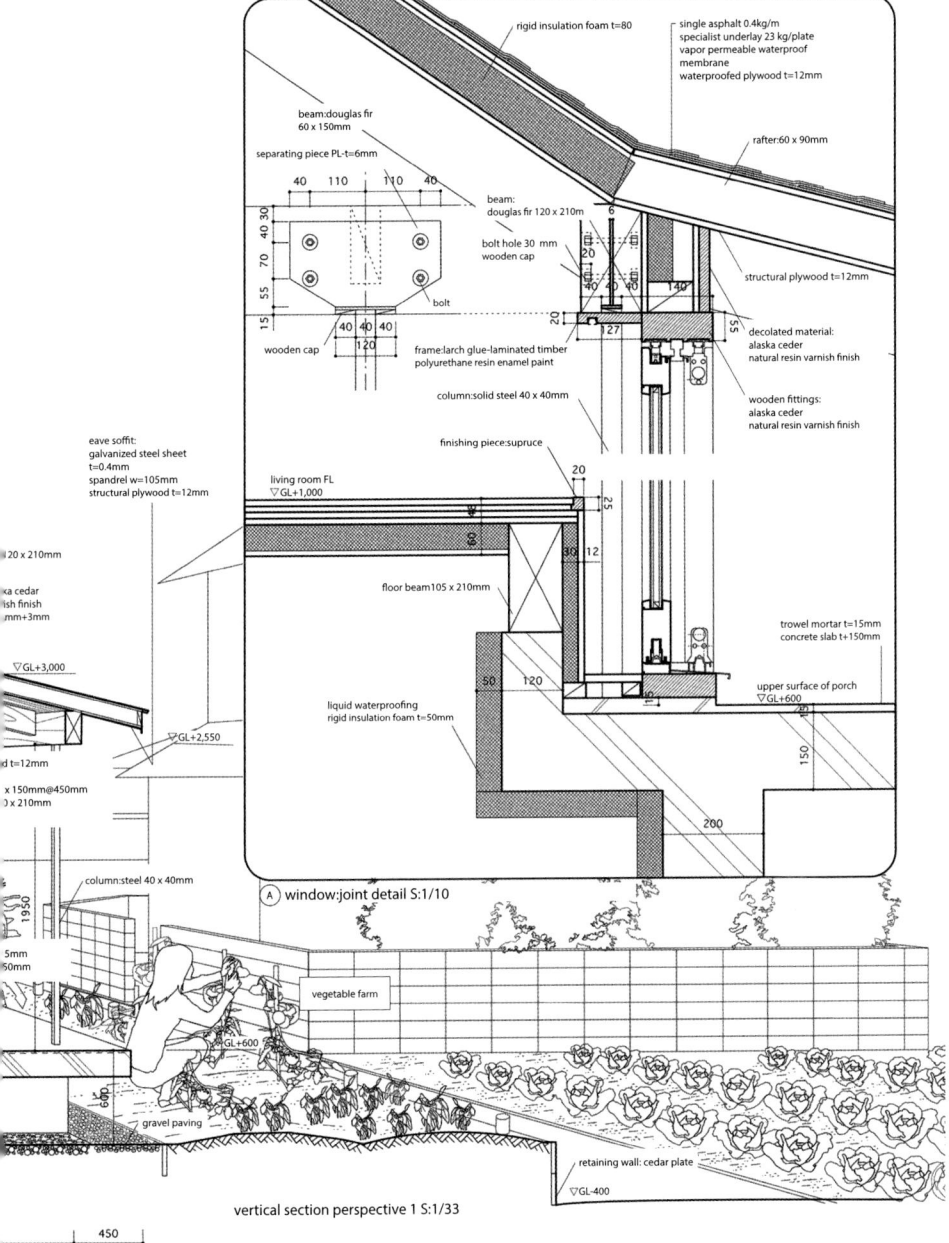

노라(Nora) 주택

아뜰리에 바우-와우(Atelier Bow-Wow)

투영 유형:
1점 단면 투시도, 단면 상세

설계:
노라 주택은 일본 센다이 외곽에 있으며, 인근 전통 농가의 큰 지붕, 깊은 베란다 및 굴뚝 형태 등을 포함한 많은 토속적인 요소를 포함하고 있다. 최근에 도시로부터 이사를 한 젊은 가족의 집은 내부와 외부 사이의 창의적인 상호작용을 수용하고, 한 층의 볼륨으로 여러 층을 통합하고 있다.

기법:
아뜰리에 바우-와우의 작품에서 전형적으로 볼 수 있는 이 도면은 '활기찬 공간의 실천'을 나타내며, 집의 부피, 인접성, 시공, 물성, 일상생활에 관한 포괄적인 이야기와 매력적이고 실용적인 세부 사항을 함께 담고 있다. 이 작업은 선 두께와 유형, 패턴, 표기 및 엔투라지에 대한 세심한 주의를 통해 이루어진다. 그 결과 그래픽의 총합은 이러한 부분들을 초과하는 형태로 도면이 이루어진다.

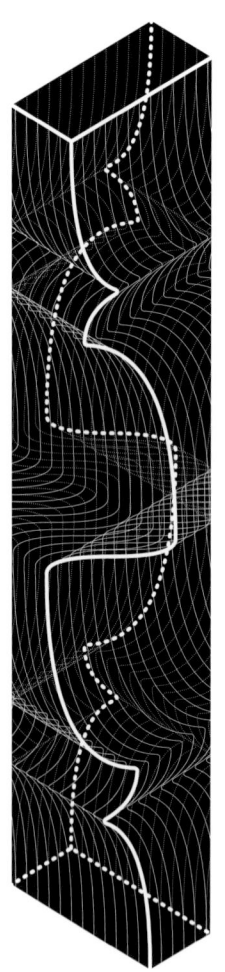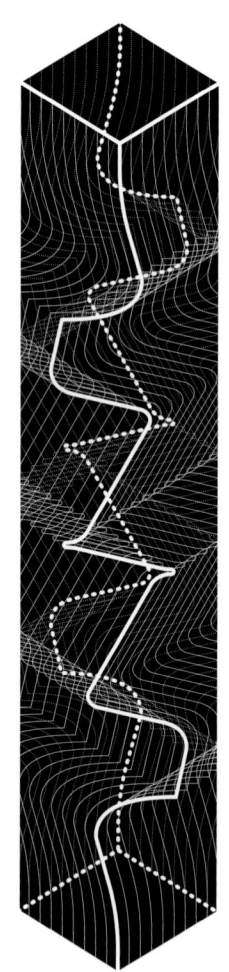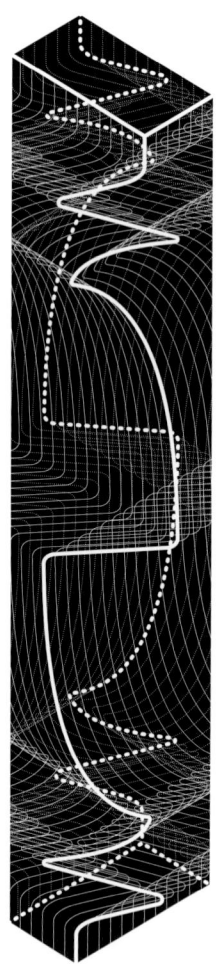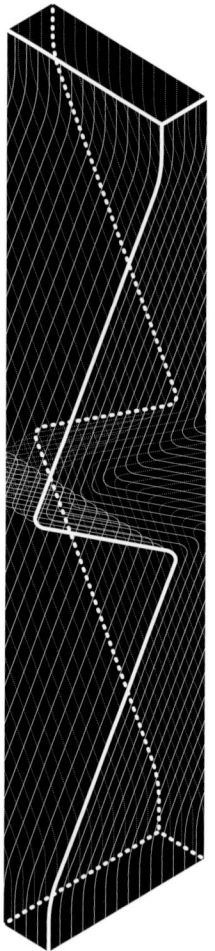

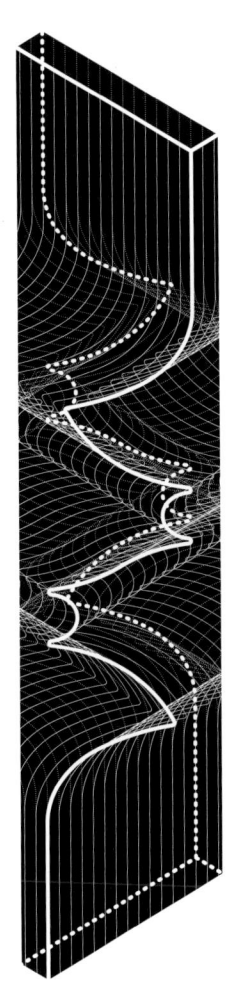

토템즈(Totems)

윌리엄 오브라이언 주니어(William O'Brien Jr.)

투영 유형:
엑소노메트릭

설계:
"토템은 관계형 모델링 프로세스와 로봇 제작 기법에 의해 정의된 현대적 맥락에서, 시대착오적인 건축 형태 제작 메커니즘의 재고를 나타내는 일련의 수직 지향적인 초기 건축 모델에 해당한다."

기법:
이 도면들은 일련의 다이어그램에서 최종 단계를 나타내며, 최종 형태를 도출한 생성 프로세스를 그래픽으로 설명하기 위해 선 두께, 선 패턴 및 숨은선을 전략적으로 사용한다.

쉬폴(Schiphol) 연구개발센터

더블유더블유 아키텍쳐(WW Architecture)

투영 유형:
배치도

설계와 기법:
"이 프로젝트의 기본 전제는 새로운 건축 조정에 초점이 맞추어져 있다. 우리의 목표는 부분의 독립성을 동시에 강조하고, 부분이 서로 흡수될 수 있도록 관계 시스템(프로그램, 풍경, 형태 및 순환)을 만드는 것이다. 필드(현대)도 축(클래식)도 아니지만, 그럼에도 불구하고 개방형(현대적)이고, 형상화된(고전적) 모든 선을 사용하여 영역을 캡처한 다음, 해당 영역을 초과하기 위해 동일선을 사용한다. 우리가 이러한 관계를 어떻게 그렸는지(어떻게 종이에 선을 그었는지를)는 이 전제와 관련이 있다. 우리는 정의를 내리는 동시에 그 정의를 넘을 수 있는 선을 발명해야 했다."

"건축의 역사는 때로는 공간을 정의하기도 하고 때로는 공간을 해체하는, 결국 선의 역사이기도 하다. 쉬폴 프로젝트에서 우리는 선이 이 두 가지 역할 모두를 과감하게 수행하기를 원했다. 사실 '기술'이라는 개념과 '디자인'이라는 개념을 분리하는 것은 불가능하였다. 이는 우리 작업이 수년 동안 지속되어온 건축에 대한 접근 방식이었다."

특징을 지닌 부동산

자고 아키텍쳐(Zago Architecture)

투영 유형:
입면 및 단면 빗각 투영도

설계:
뉴욕 현대미술관에서 열린 "차압: 아메리칸 드림을 위한 새로운 터전 마련" 전시회를 위해 의뢰를 받은 이 프로젝트는, 이웃에 더 풍부한 용도와 예상치 못한 공간적 다양성을 소개하기 위해, 캘리포니아 리알토 도시의 "경계를 완화"하기 위해 잘못된 등록을 사용한다.

기법:
"적어도 라이노(Rhino), 그라스하퍼(Grasshopper), 마야(Maya), 일러스트레이터(Illustrator), 애프터이펙츠(After Effects) 및 그린 스크린 촬영*으로 제작된 미묘한 칵테일처럼 이루어진 그림이다. 아마도 우리가 발견한 가장 흥미로운 점은, 일반적으로 소프트웨어를 통해(투상도가 기본값이었던 예전 폼지(FormZ)와는 달리) 아이소메트릭(isometric) 투영도를 생성하기보다는 디지털 모델을 자르고 입면으로 표시하는 것이 더 낫다는 것이다."

애니메이션의 세 프레임(Three frames from animation)

---

* 그린 스크린 촬영: 특수촬영을 위해 배경을 녹색으로 처리함.

네이처 시티(Nature City)

더블유오알케이에이씨(WORKac)

투영 유형:
단면 투시도

설계:
뉴욕 현대미술관에서 열린 '차압: 아메리칸 드림을 위한 새로운 터전 마련' 전시회를 위해 의뢰받은 네이처 시티 프로젝트는 새로운 주택 유형, 자연에 대한 평가, 일과 삶이 양립 가능한 지속 가능한 경제를 통해 21세기를 위한 타운컨트리를 재창조한다. "네이처 시티에서 당신의 뒷마당은 자연이 되며, 당신은 그것을 누릴 수 있는 경제적 여유가 있다."

기법:
"인프라 및 주거 블록의 다양한 유형을 도출하기 위해 실제 모형을 제작한 후, 3차원 디지털 모델이 라이노에서 구축되었고, 2차원의 선 그리기 및 기본 렌더링을 생성하는 데 사용되었다. 일러스트레이터와 포토샵 레이어 기능을 활용하여 콜라주를 제작하고, 이를 통해 풍경, 공공 및 개인 공간의 다양성을 표현하였다."

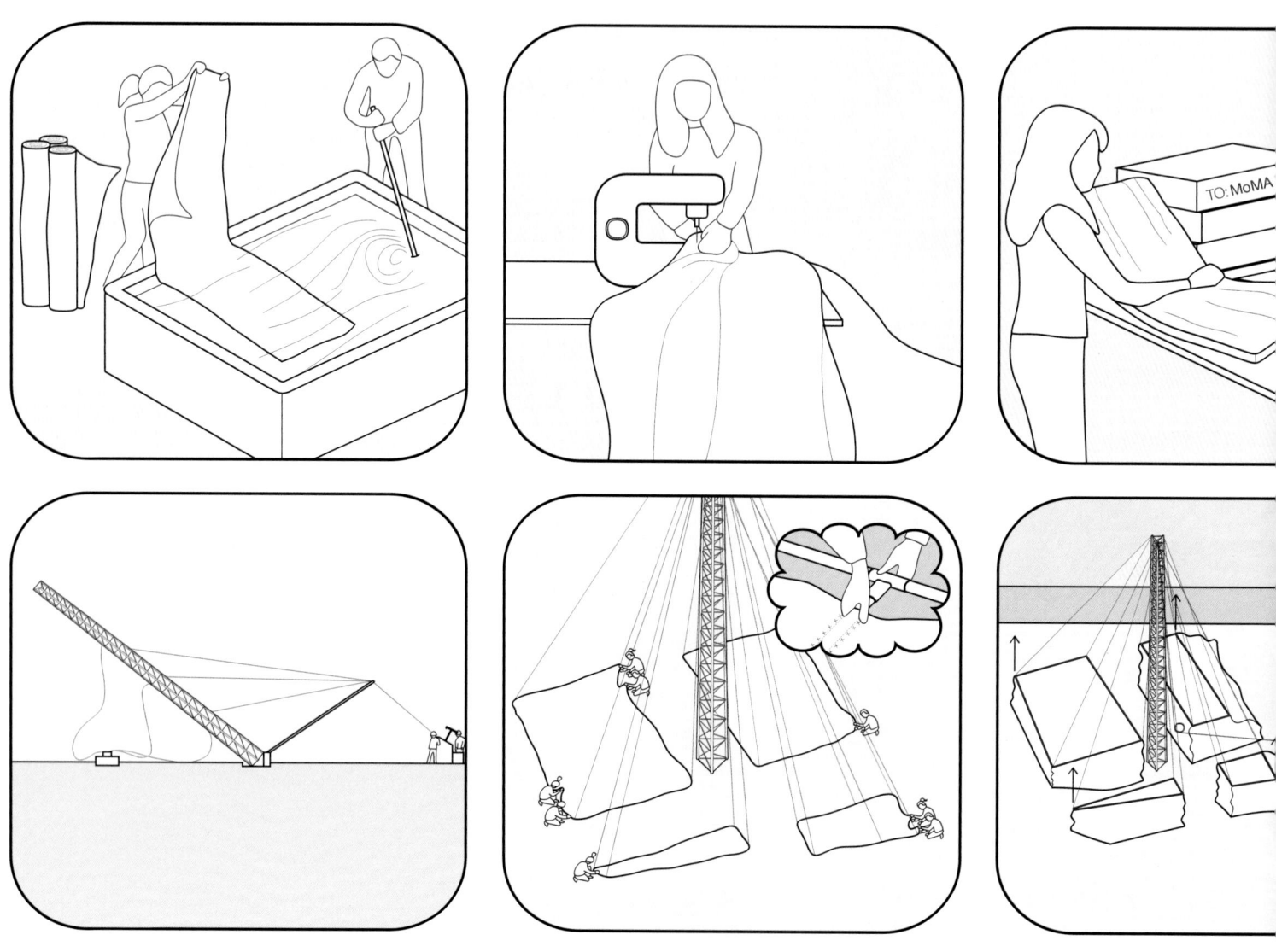

언더베르그(Underberg)

LAMAS(엘에이엠에이에스)

투영 유형:
엑소노메트릭 내러티브(axonometric narrative)

설계:
"현대미술관 PS1 디자인 공모전 참가작. 이 과정에서 언더베르그의 디자인은 숙련된 노조의 인건비는 비싸고, 학생들의 지원은 지상에 한정되어 있으며, 크리너(Krinner) 접지 나사와 론(Rohn) 통신 폴(pole)과 같이, 기성 제품이 간단한 설치 기술을 갖추고 있음을 암시적으로 고려한다. 이러한 세 가지 노동 요소를 염두에 두고, LAMAS는 학생들이 참여할 수 있는 작업장과 현장에서 가능한 한 많은 노동력을 유지하려고 노력하였다. 이는 전문 인력의 노동력을 최소화하여, 인건비를 획기적으로 줄일 뿐만 아니라 PS1의 노동 조건의 특성을 잘 드러내준다. 완성된 설치물은 파티 참가자가 '이봐 와우!'라고 말하는 것과 마찬가지로, 한 학생 노동자가 공중에 15m 높이의 46m^2의 마블링을 가리키며 '내가 만들었어'라고 말하는 것에 관한 것이다."

도면 목적:
"LAMAS는 구성 부품의 적층 구조 시스템을 가정하는 조립 도면과는 구분된 제작공정 도면을 항상 실험해왔다. 언더베르그의 경우 요구되는 작업 공정은 다음과 같다. 1) 타이벡(tyvek),* 마블링 공정, 2) 빙산 재봉, 3) 뉴욕 배송을 위한 압착 포장, 4) 기초 접지 나사를 위한 전문 인력 및 기계 사용, 5) 진 폴 틸트업** 방식으로 크레인 없이 통신 타워를 제자리에서 들어올리기, 6) 타이벡을 학생 노동력을 통해 강철 프레임을 지면에 고정하고, 7) 풀리로 빙산을 들어 올려서 아미쉬 헛간에서처럼 제자리를 잡게 하였다."

---

* 타이벡(tyvek): 건물의 외장재를 설치하기 전 방수 및 방습의 목적으로 건물의 외벽을 감싸는 시트 형태의 고밀도 폴리에틸렌 섬유의 건축 재료. 미국의 듀퐁(DuPont)사가 제조회사이다.
** 진 폴 틸트업(gin pole tilt-up): 타워 형태의 수직 구조물을 지면으로부터 세우는 방식.

플라스크(Flask) 공장

유레카 디자인(Eureka Design)

투영 유형:
2점 실내 투시도

설계:
오래된 플라스크 공장을 호텔로 전환하는 재활성화 프로젝트로서, 호텔 객실의 개념 몽타주이다.

기법:
"기본 선 드로잉은 먼저 트레이싱 페이퍼 위에 연필로 그린 다음 콜라주를 위해 포토샵 프로그램으로 가져왔다. 선 배경을 평범하게 처리하고, 그 위에 재질을 가볍게 입힘으로써 우리의 설계를 강조하였다."

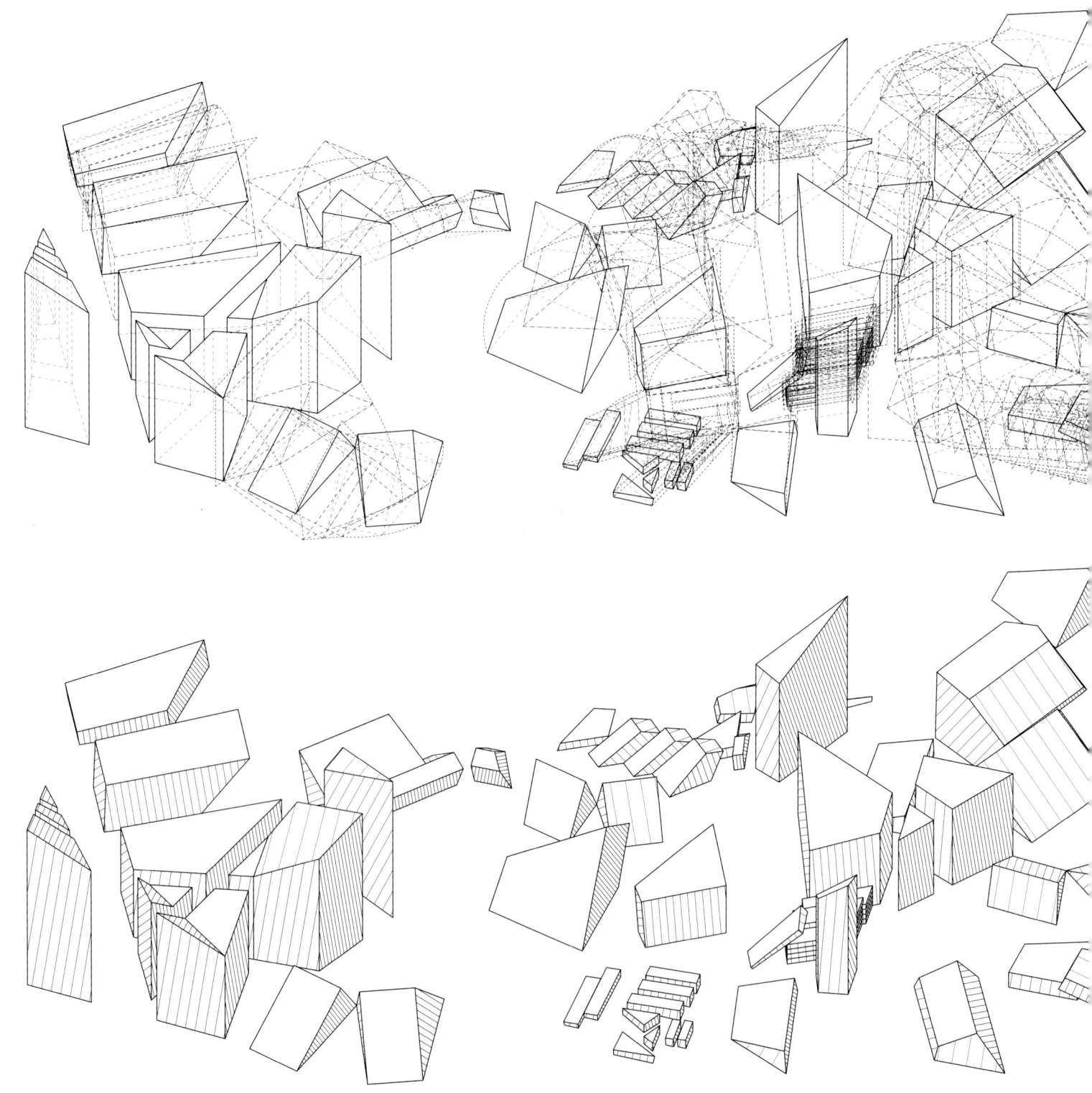

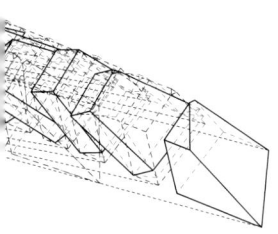

자유와 평등의 기념비

스탄 알랜 아키텍츠(Stan allen Architect)

투영 유형:
엑소노메트릭

설계:
"오늘날의 기념비는 개인과 집단에 대한 비전을 제공하기 위해 집단적 상상력을 동원할 필요가 있다. 자유에는 집단적 상상력이 번창할 수 있는 광대한 장을 필요로 한다. 그러나 순수한 분야는 구매력이 부족하다. 내부 차별화가 없다면, 공동의 목적을 향해 집단에 집중하거나 동기를 부여할 능력이 없다. 이러한 장 또한 파악될 필요가 있다. 이러한 절대적 모델인 기념비적 대상 또는 중립적 장과는 반대로, 우리는 대상과 장 사이에 존재하는 기념비, 즉 진행 중인 기념비를 제안한다."

기법:
"기념비의 본체는 오각형을 바탕으로 하고 있으며, 그 옆모습이 활발하다. 이 블록의 특이점은 지역의 이정표와 관련된 일련의 축에 의해 절단되고 개방되며, Neues Rathaus 타워로의 전망이 가능하다. 이 블록의 견고함은 도시의 주요 위치에 정렬된 일련의 통로로 개방되어 시민들이 기념비 사이의 공간을 거닐 수 있다. 그 결과 관련된 기하학적 요소들로 이루어진 마을 같은 군집이 만들어졌다."

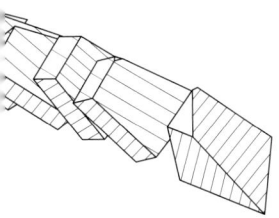

섬들과 부두들

스튜디오 에이피티(studioAPT)

투영 유형:
변형 빗각 투영(transoblique)

설계:
"산 로마노웨이 주택 용지는 광대하고, 그 규모로 인해 어려움을 겪고 있으며, 편의시설은 거의 없고, 주차장, 인도, 쓰레기통, 나무 및 잔디(계절에 따라 녹색에서 갈색으로 변함)로 이루어진 '바다'에 흩어져 있다. 때로는 어려운 조건에 질서와 평온을 가져다주는 요소로서, 섬과 교각은 안도와 휴식의 순간으로 제안된다. 그들의 경이적인 특성에서 그들은 바람직한 본질을 제공한다. 공식적인 전략으로서 그들은 이 대지를 확장 가능한 위치, 정체성, 커뮤니티 및 편의성의 네트워크를 구축하는 수단으로 제공한다."

기법:
"공모전 출품작의 일환으로서, 이 도면은 대지 안팎에서 발생하는 대부분의 문제를 포착할 수 있는 단일 이미지 역할을 하기 위해 제작되었다. 평면과 입면이 모두 화상면과 평행한 변형 빗각 투영은 실제 평면에서는 대지를 3차원 품질로 나타낼 수 있는 기회를 제공하였다. 기본 대지 조건은 캐드로 작성된 배치도 및 항공사진으로 정보를 수집하여 디지털로 초안을 작성했다. 설계 작업을 위해 손 스케치는 스케치업 모델과 일련의 제작된 빗각 투영도로 변환되었다. 오토캐드, 라이노 및 스케치업의 선 작업은 색상을 추가된 일러스트레이터 프로그램을 활용하여 편집되었다."

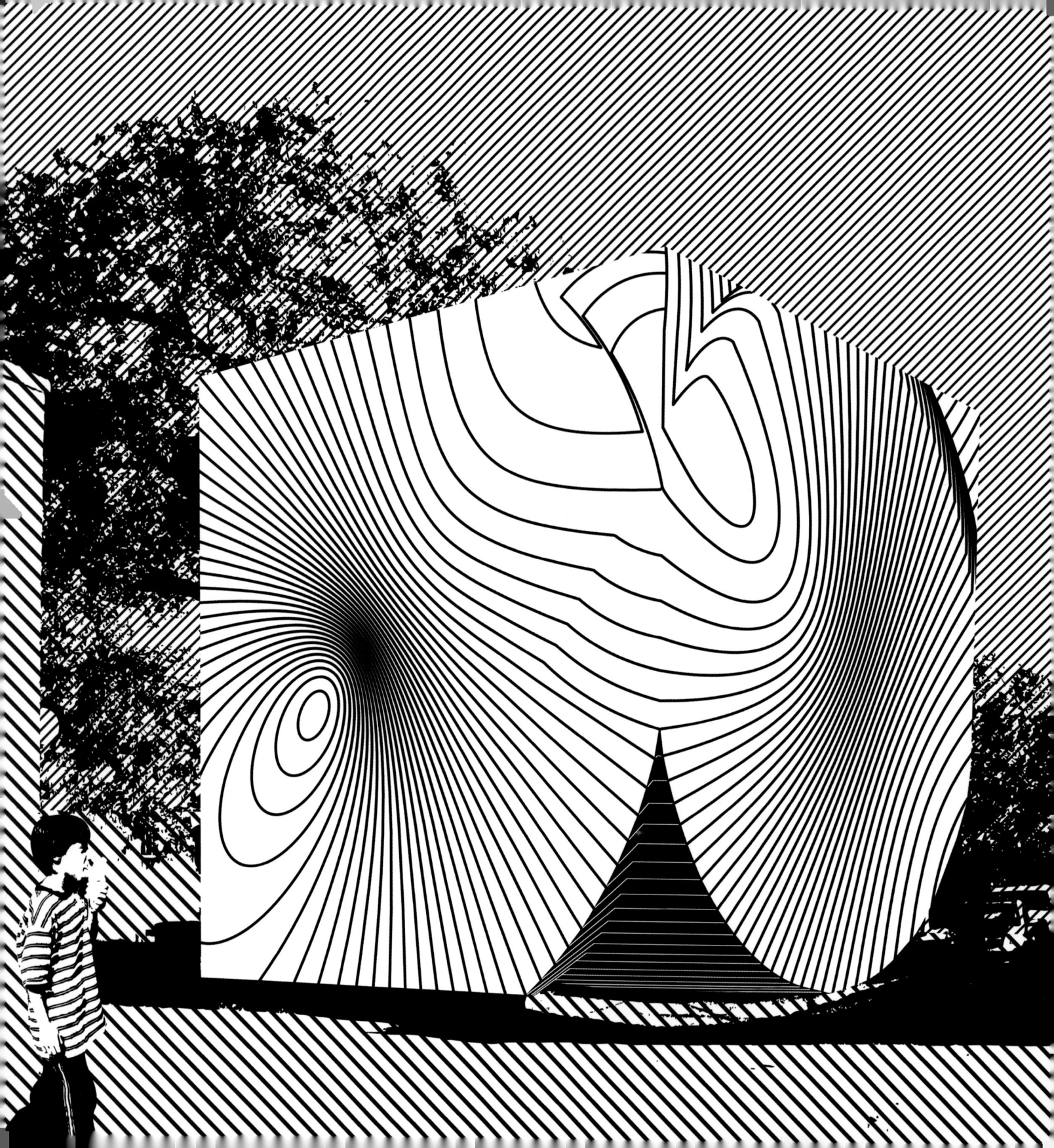

평평한 느낌?

CAMES/깁슨(gibson)

투영 유형:
2점 투시도

설계:
"선은 한계를 나타내고, 경계를 설정하고, 내부와 외부를 구분한다. 이러한 제한적인 사고방식에 맞서 기하학, 형태, 그래픽 사이에서 더 어리석게도 정보가 없는 모호성을 찾아 선의 영역을 넓혀 나가자."

기법:
"'평평한 느낌?' 프로젝트는 세 가지 유형의 선 패턴을 하나의 공간으로 축소하는 과정을 통해 제작되었다. 디지털로 제작된 모형표면에 투영된 선, 2차원 영역 해치 및 이미지 추적 채우기를 사용하여, 전경과 배경을 시각적으로 결합하는 도면을 사용하여, 지정된 투시도 뷰를 평평하게 만들었다. 소프트웨어 프로그램 간의 교체를 넘어 이 작업은 같은 문서 내에서 CMYK 및 RGB 검정을 모두 사용할 때 가능한 시각적 미묘한 차이와 관련이 있다."

벨기에 브라켈(Brakel) 경찰서

OPM(Organization for Permanent Modernity)

투영 유형:
2점 투시도

설계:
이 도면은 '유두가 있는 풍경'에 자리 잡은 '약간 휘어진 거친 블록'인 경찰서 프로젝트의 야망을 반영한다. 풍경이 지원하지 않는 경우 이 건물은 4.5m 높이의 플랑드르 경찰관들에 의해 지탱된다. 전체 층에는 '메가브릭(megabrick)' 모듈이 쌓여 있어, 마치 이집트 기념비와 같은 느낌을 준다.

기법:
"이 도면은 고급 계산이나 매개 변수에 익숙하지 않은 사람이 만든 것이다. 우리는 간단한 3차원 모형을 만들고 사진을 찍은 다음, 포토샵과 일러스트레이터에서 시간과 애정을 가지고 렌더링 작업을 진행하였다."

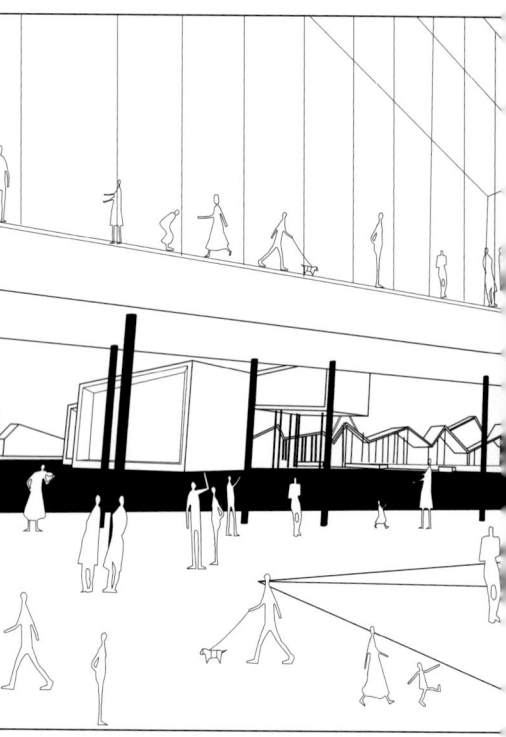

클라크스빅(Klaksvik) 시청

레터럴 오피스(Lateral Office)

투영 유형:
2점 투시도

설계:
이 이미지 세트는 페로 제도의 클라크스빅에 대한 도시설계 제안의 핵심 순간을 묘사하기 위해 만화 패널처럼 순서대로 사용되었다.

기법:
"장면들은 라이노 프로그램으로 모델링되었으며, 일단 특정한 뷰가 선택되면 출력된 이미지들을 일러스트레이터 프로그램으로 가져와서 사람과 기타 항목이 추가된 2차원의 선 도면으로 추적된다."

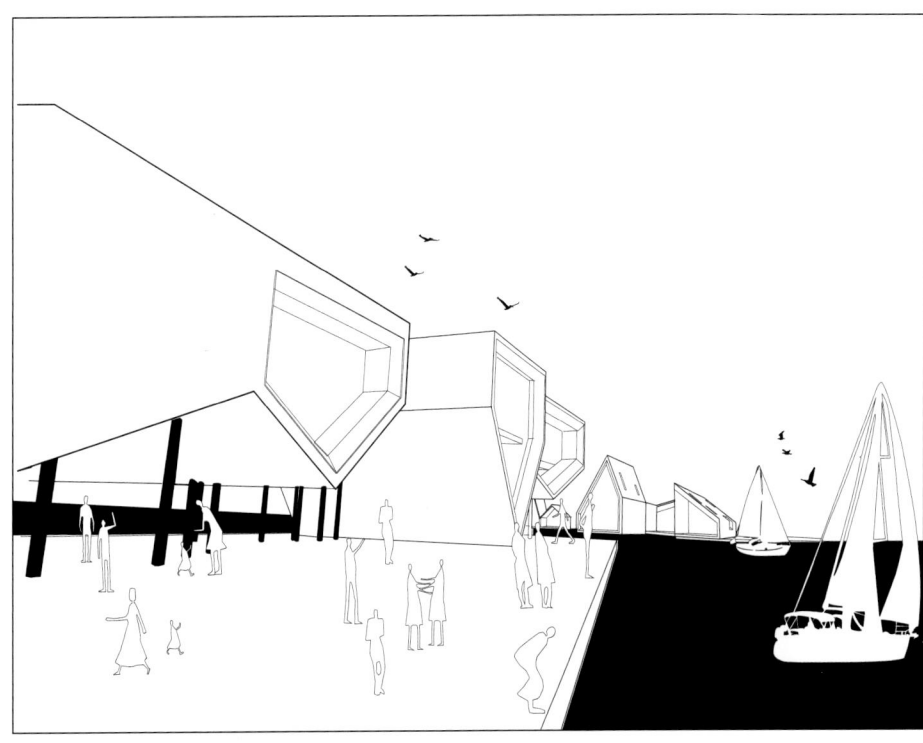

에스토니안(Estonian) 예술 아카데미

션 랠리(Sean Lally)/WEATHERS

투영 유형:
2점 투시도

설계:
에스토니아 예술 아카데미는 학교와 아래의 공원을 연결하는 일련의 6개의 '인공 기후 폐'를 사용한다. 이 건물은 공원 아래의 기계 시스템으로부터 필요한 에너지를 얻을 수 있다. 그 결과 인공적이지만 무성한 정원과 에스토니아의 긴 회색 겨울의 영향을 완화하는 데 도움을 주는 풀 스펙트럼의 조명이 도출되었다.

기법:
"이 이미지는 사무실이 보통 설계 의도를 어떻게 표현하는지 특징적이지 않다. 이것은 포토샵 향상의 선택 순간과 함께 상세한 물리적 모델의 사진을 통해 이루어진다. 이 경우 이미지는 장면을 구성하기 위해, 포토샵 레이어와 결합한 느슨하고 세부적인 와이어 프레임의 마야 모델과의 조합으로 이루어진다. 이미지의 왼쪽 중앙에 모양을 부여하는 데 도움이 되는 다양한 에너지 시스템은 포토샵 브러쉬 기술의 선택으로 구성되며, 종종 온라인에서 수집되고 거래된다. 이 기술은 사진을 찍기 위한 상세한 물리적 모델을 만들거나 소프트웨어 프로그램에서 완전한 이미지를 렌더링하는 것보다 촉박한 공모전 준비 기간 동안 더 나은 설계 제어와 유연성을 제공한다."

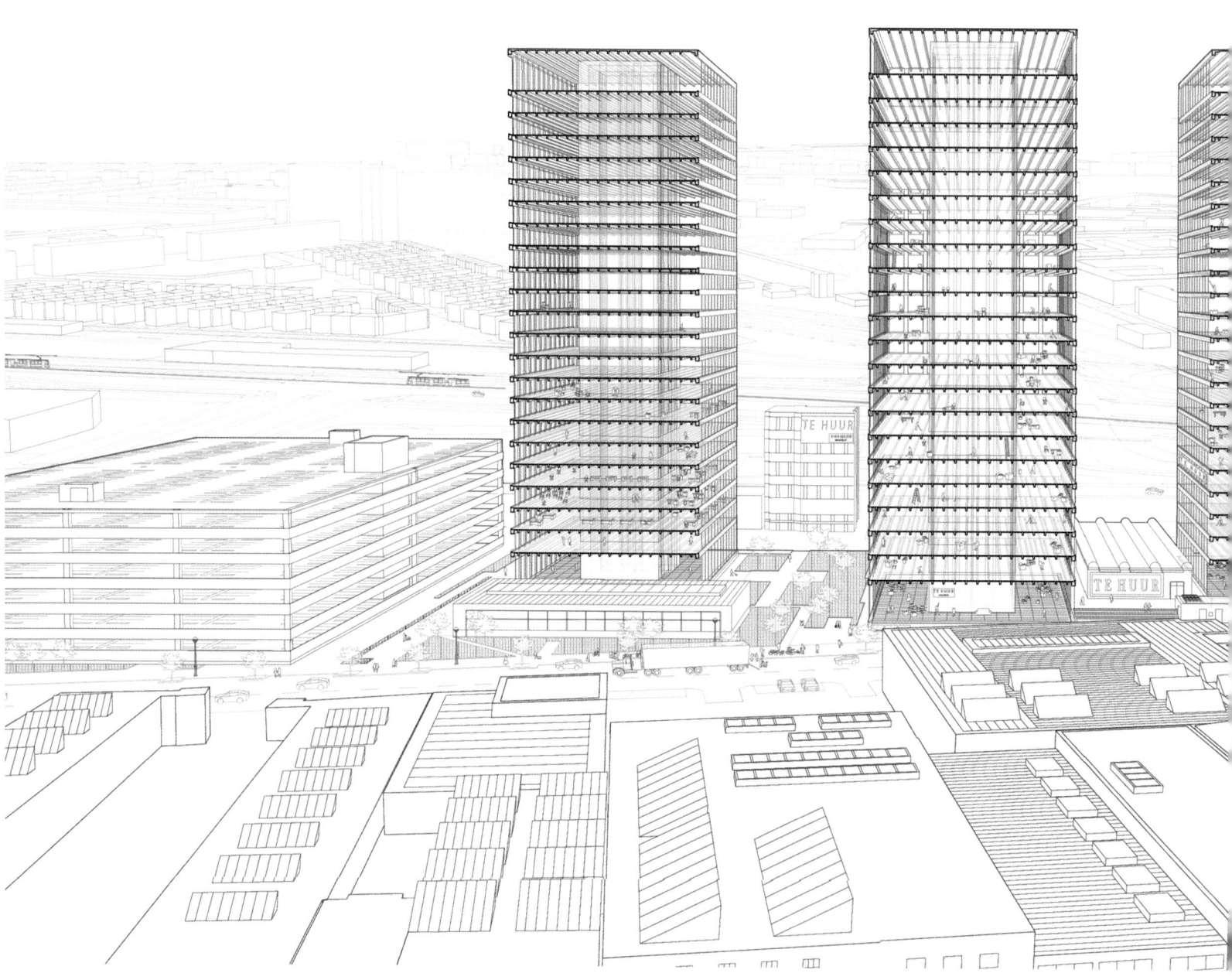

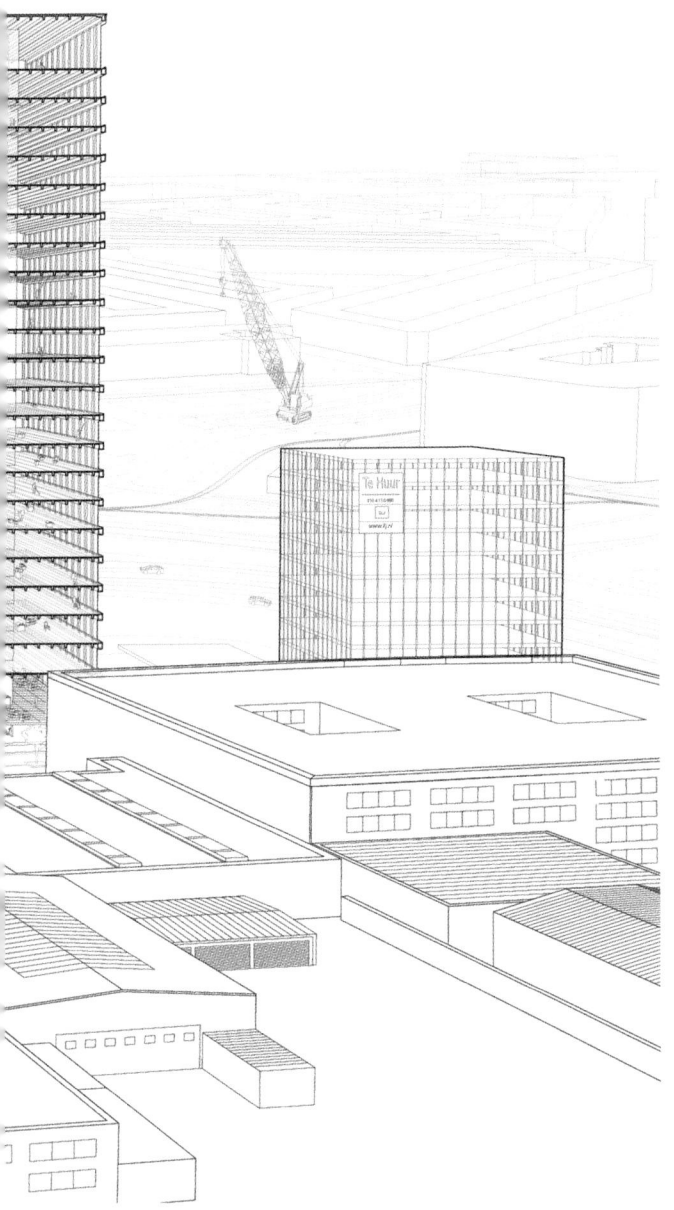

(No) Stop Marconi

NHDM(엔에이치디엠)

투영 유형:
1점 투시도

설계:
"(No) Stop Marconi 프로젝트는 네덜란드 항구도시인 로테르담 마르코니 지대에 있는 93m 높이의 유로 포인트 타워(또는 마르코니 타워, SOM 설계, 1971-1975)로서, 지속적인 추측과 불확실한 미래에 관여하고 있다. 또한 마지막 주인이자 개발자인 로테르담시가 네덜란드 역사상 가장 큰 건물인 콥반자이드(Kop van Zuid)로 이전하면, 향후 몇 년 내에 완전히 비워질 것이다. 유로포인트 타워는 유럽과 그 밖의 지역에서 사용이 가능하지만, 비어 있는 사무실 타워의 수가 증가하고 있는 것을 상징한다."

기법:
"도면 'Te Huur'*는 프로젝트의 최전선 역할을 하며, 타워의 원래 건축 도면과 지리정보시스템(GIS) 및 사진 자료를 기반으로 제작된 3차원 모델로 구성되어 있다. 특정 계획에 얽매이지 않으며, 1점 단면 투시도는 더 큰 위치 및 개념적 맥락을 포함하는 동시에 전경과 타워 내에서의 이동 및 청소 활동을 상세히 묘사할 수 있다. 엑스레이 뷰는 타워의 기본 구조를 강조하며, 타워의 잠재력을 새로운 도시의 프레임 워크와 인프라로 발전시킨다."

---

* Te Huur: 네덜란드어로 '임대'를 의미.

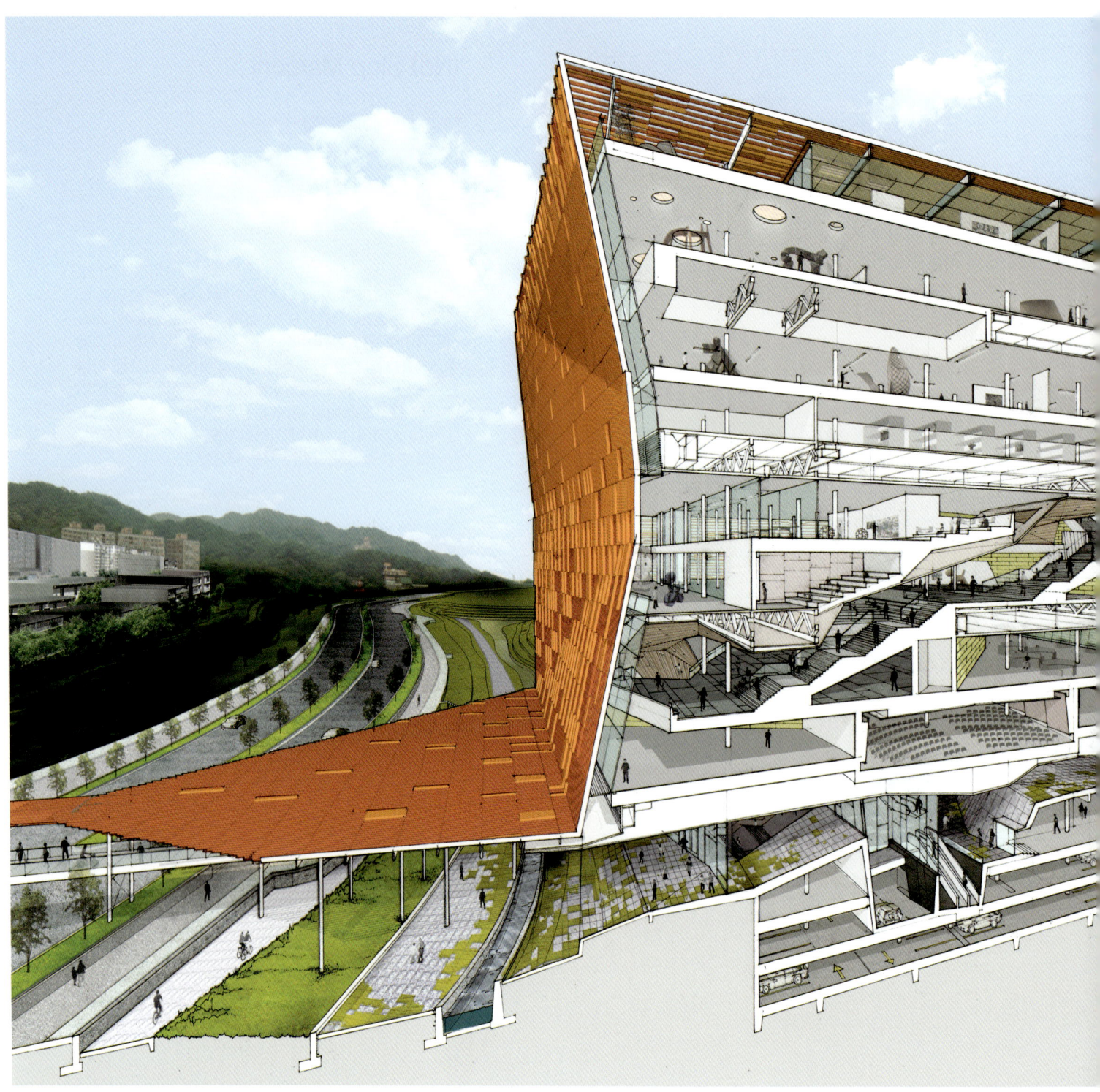

타이베이 신 시립예술관

루이스 츄루마키 루이스(Lewis Tsurumaki Lewis) 건축가

투영 유형:
2점 단면 투시도

설계:
이 도면은 신설 타이베이시립미술관(New Taipei City Museum of Art, 21,350m^2)의 공모전 출품작에서 가져온 것으로, 공공 생활과 예술 체험을 완벽하게 통합한다. 단면 투시도법을 사용함으로써 건물 아래로 흐르는 풍경과 함께, 열린 광장 위에 떠 있는 볼륨을 설명하는 데 도움을 준다.

기법:
"이 도면은 스캐너, 프린터, 연필, 소프트웨어 및 마일라(mylar) 간의 활발한 교환을 통해, 서로 다른 매체 및 방법에서 가장 효과적인 것을 결합한다. 디지털 렌더링의 색상, 톤 및 표면 품질은 4mm 두께의 마일라 용지 위에 3H 연필로 그린 선, 가장자리 및 디테일과 짝을 이룬다. 한 사람의 속도는 다른 사람의 민첩성에 의해 증가(그리고 감소)한다. 여러 손으로 하나의 손 그림을 만들 수 있고, 오버 드로잉(over drawing)*을 통해 신속한 디지털 매스 작업을 구체화할 수 있다. 오버 드로잉은 기회주의적 건축을 위해 디지털 소프트웨어와 전통적인 진정성 주장에 의해 규정된 규범적 작업 흐름 과정을 중심으로 최종 실행된다."

---

* 오버 드로잉(over drawing): 밑그림 위에 덧대어 그리는 행위.

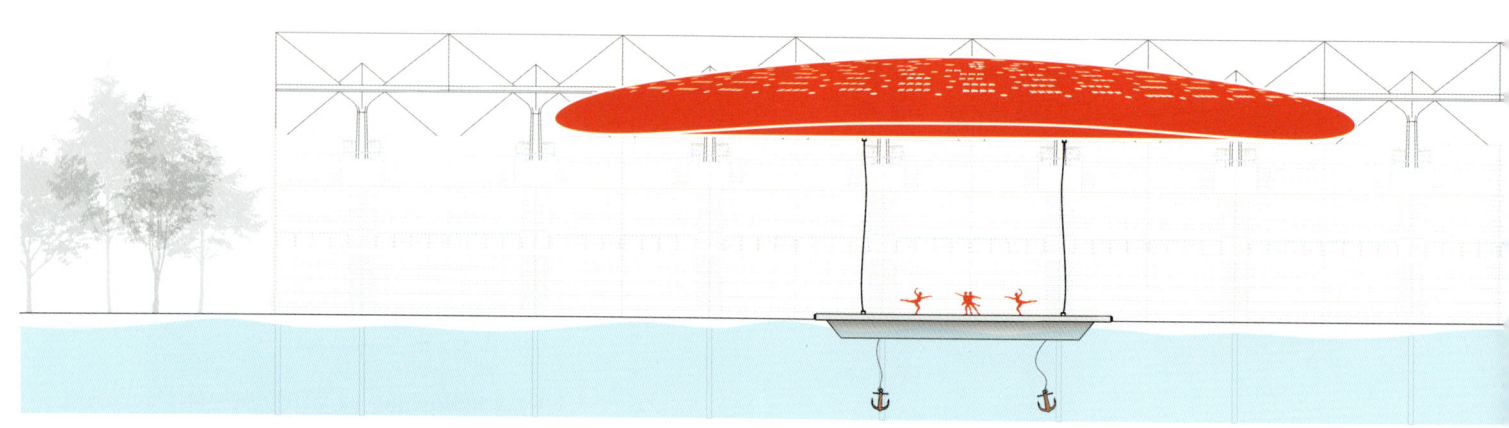

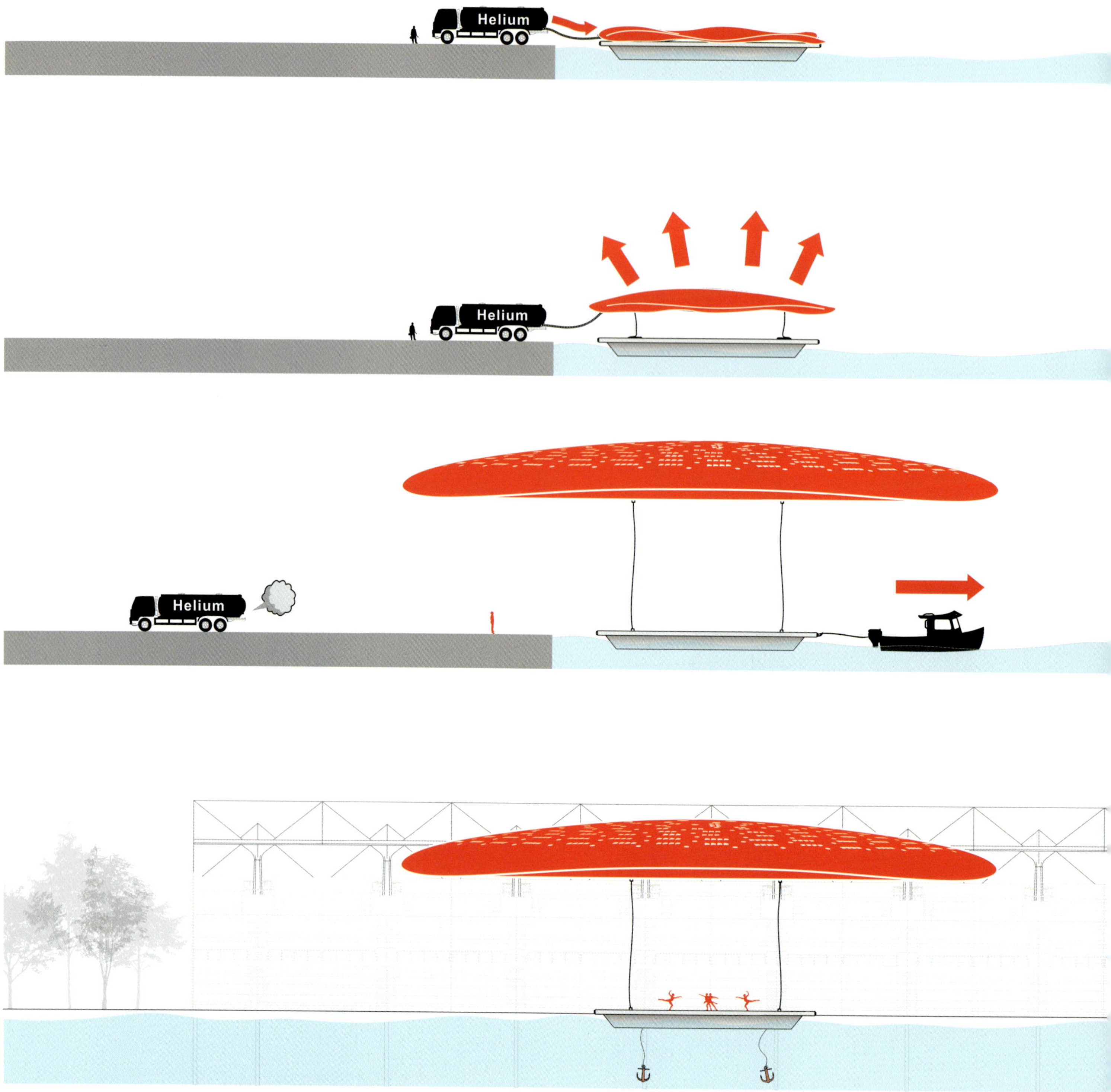

프로젝트 인플레터블(Inflatable)

핑크클리무스이케이(PINKCLOUD.DK)

투영 유형:
대지 단면도

설계:
마이애미 던 타운(Dawn Town) 부유식 무대 설계 공모전에서 우승한 프로젝트 인플레터블은, 85m 길이의 팽창식 지붕이 있는 부유식 무대를 제안함으로써 이는 기능적일 뿐만 아니라 마이애미 시내에서 볼 수 있는 아이콘이 된다. 기존의 마이애미 마린 경기장에서 공연을 관람할 수 있다. 지붕구조 속 매개체로는 헬륨을 사용하며, 전체 조립품을 쉽게 운반, 해체 및 보관을 할 수 있다.

기법:
이 다이어그램 세트는 브레인스토밍 가능성(무엇을 보여주고 싶은가? 어떻게 생겼는가? 어떠한 그래픽 언어를 사용해야 하는가?)에 의해 작성되었다. 이러한 고민을 바탕으로 손으로 그린 스케치와 스토리보드 작업을 통해 다이어그램 세트가 작성되었다. 이를 통해 라이노 모델이 만들어졌고, 3차원 모형에서 2차원 정보가 추출되었으며, 일러스트레이터 프로그램을 통해 선과 색상 작업이 수행되었다.

Heerlijkheid Hoogvliet

샘 제이콥(Sam Jacob)/FAT

투영 유형:
2점 투시도

설계:
로테르담의 위성 도시인 Hoogvliet에 있는 Heerlijkheid 공원은 스포츠 커뮤니티 제공 및 지역 주민을 위한 여가 장소를 제공한다. 여기에는 결혼식, 영화, 어린이 모임과 같은 사교 행사를 위한 빌라가 포함되어 있다. 목가적인 환경과 공장지대 사이에 있는 공원은 그 자체로서 환경과 지역적 특색을 존중하는 요소들을 포함하고 있다.

기법:
최소한의 선 작업, 색상, 톤 및 재질 레이어를 보완하여, 디자인의 풍부한 장난스러움을 반영하는 회화적인 방식으로 현장을 묘사한다.

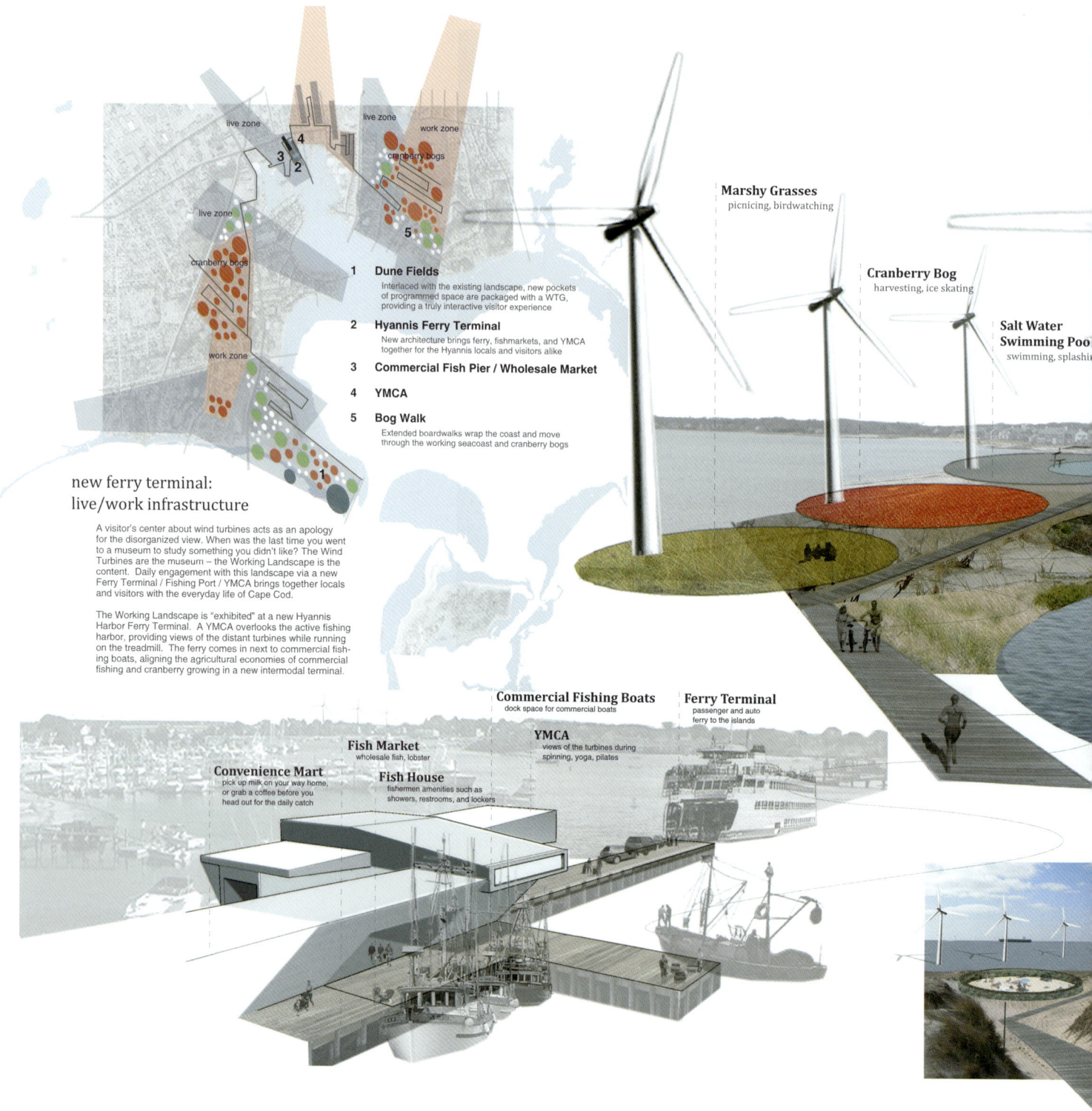

new ferry terminal: live/work infrastructure

1 **Dune Fields**
Interlaced with the existing landscape, new pockets of programmed space are packaged with a WTG, providing a truly interactive visitor experience

2 **Hyannis Ferry Terminal**
New architecture brings ferry, fishmarkets, and YMCA together for the Hyannis locals and visitors alike

3 **Commercial Fish Pier / Wholesale Market**

4 **YMCA**

5 **Bog Walk**
Extended boardwalks wrap the coast and move through the working seacoast and cranberry bogs

A visitor's center about wind turbines acts as an apology for the disorganized view. When was the last time you went to a museum to study something you didn't like? The Wind Turbines are the museum – the Working Landscape is the content. Daily engagement with this landscape via a new Ferry Terminal / Fishing Port / YMCA brings together locals and visitors with the everyday life of Cape Cod.

The Working Landscape is "exhibited" at a new Hyannis Harbor Ferry Terminal. A YMCA overlooks the active fishing harbor, providing views of the distant turbines while running on the treadmill. The ferry comes in next to commercial fishing boats, aligning the agricultural economies of commercial fishing and cranberry growing in a new intermodal terminal.

03 그래픽 표본 | 173

Playing Field
baseball, bocce

Beach Deck
concerts, clam bakes

dune fields: ecologies and economies
Just as coastal dunes offer protection to the most diverse and fragile of ecologies, the dune fields package the intense program of the live/work seacoast offering shelter, privacy, security, and public forum in close proximity to each other. Fields vary in scale as well as use offering room enough for large public gatherings and rec sports while still allowing for intimate clam bakes with family and friends.

VIEW + VISION = 110% JUICE

110% 주스

임플리먼트(Implement)

투영 유형:
2점 투시도

설계:
"이 프로젝트는 다양한 여가, 농업, 경제 프로그램이 대규모 인프라 옆에 얼마나 자리 잡을 수 있는지를 보여준다. 우리는 케이프 코드(Cape Cod)에 지역 산업(어시장과 크랜베리 재배)과 여가 활동(하이킹과 자전거, 야구, 음악 공연)을 결합한 활발하고 역동적인 해안의 모습을 제시하고 싶었다. 육지의 터빈은 케이프 윈드 프로젝트의 장점을 설명하는 방문객 센터의 역할을 대신한다. 우리는 터빈에 관한 박물관을 설계하기보다는 육지의 터빈으로 구분된 새로운 페리 터미널 및 어시장 설계를 하였다."

기법:
"프로젝트의 '하드'한 건축 부분은 3차원 모델링 프로그램으로 제작되었다. 그런 다음 우리는 이러한 기하학적 구조의 윤곽을 포토샵으로 가져와 대부분의 시간을 이미지를 만드는 데 할애하였다. 우리는 포토샵을 그림 그리기 프로그램으로 접근하고, 레이어링하고, 매끈하게 하고, 깃털처럼 질감·색상과 그림자를 그림이나 그리기에 대한 우리의 경험과 비슷하게 만들었다. 우리는 일러스트레이터에서 이미지를 완성하여 도해 세척, 선 및 설명글(글자 색이 풍경에 존재하는 색상을 어떻게 반영하는지 등 이미지의 일부로 보는 것)을 추가했다."

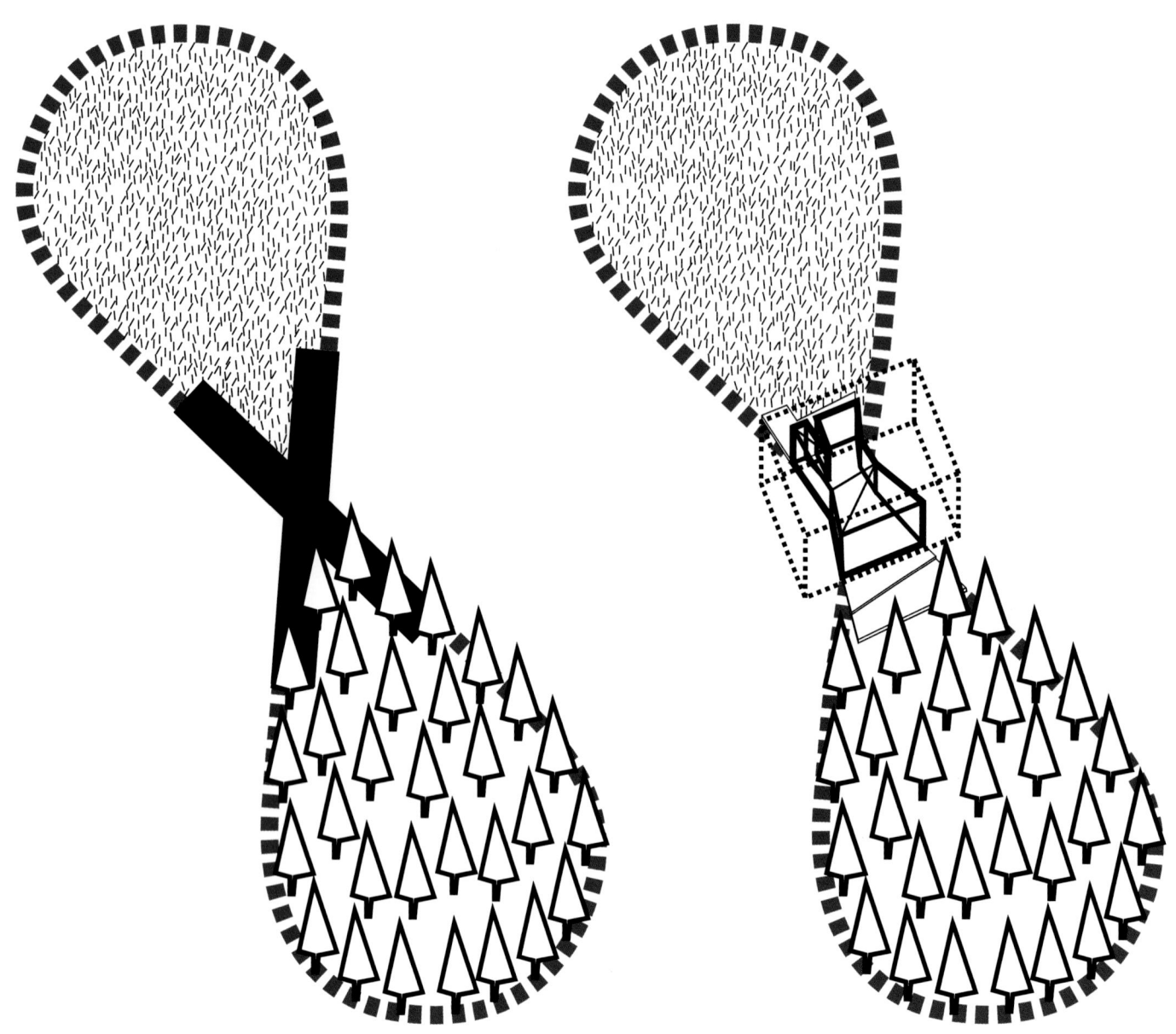

03 그래픽 표본 175

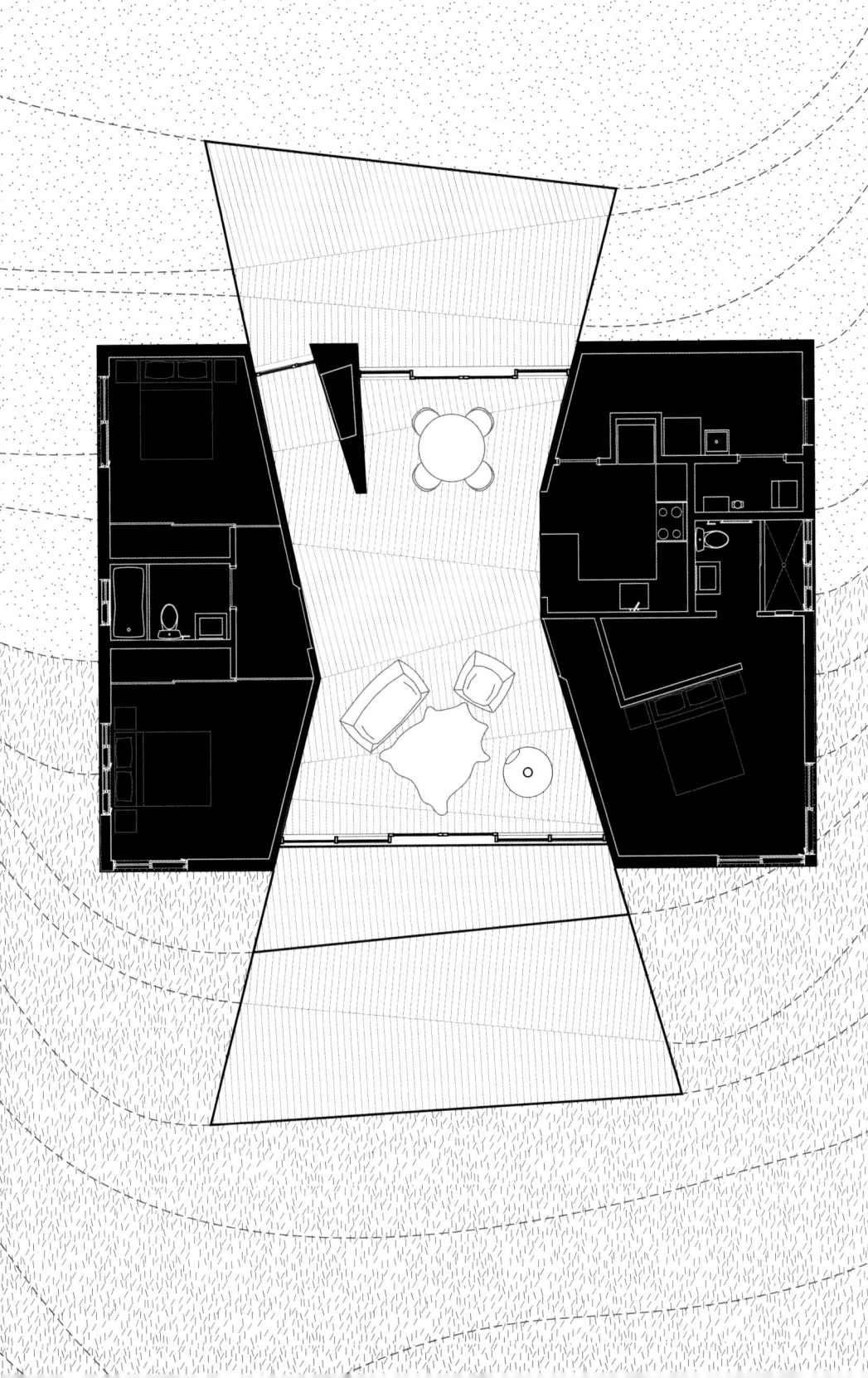

헤네핀(Hennepin) 주택

어반랩(UrbanLab)

투영 유형:
엑소노메트릭과 평면도

설계:
"우리는 미국 일리노이 시골의 한 부부를 위한 주택 프로젝트를 다이어그램과 실물 모형을 통해 설계하였다. 해당 대지의 평지와 숲이라는 두 개의 기존 경관 사이의 경계에서 프로젝트의 위치를 정하는 문제를 정의하려고 시도한 결과, 엑스(X) 형태의 다이어그램으로 도출되었다. 이 다이어그램은 우리가 엑스(X) 형태를 솔리드로부터 보이드 공간으로 뒤집어놓음으로써 간단한 주택 박스 볼륨을 조각하였고, 대지가 프로젝트를 통해 흐름이 이어지도록 하였다."

기법:
이 도면은 간단한 3차원 디지털 모델과 일러스트레이터 프로그램을 활용하여 작성되었다.

Jøssingfjord 미술관

슈퍼유니온 아키텍츠+파워하우스 컴퍼니
(Superunion Architects+
Powerhouse Company)

투영 유형:
입면도

설계:
"Jøssingfjord 미술관은 자연의 힘뿐만 아니라 인간의 힘에 대한 증거이다. 우리는 그것을 몇 가지 간단한 요소로 생각해냈다. 지붕은 은신처를 제공하고 빛과 경치를 도입한다. 이 지붕 아래에서 모든 기능은 가장 선호하는 위치에 따라 배치되었다. 기본적으로 미래의 변화에 유연하게 대응하는 직교 그리드가 있다. 이 미술관은 산의 정상에서 나오는 듯한 간단한 몸짓으로 보인다. 우리는 그것에 접근할 때 공간은 주변의 놀라운 경치와 위엄을 향해 우리의 시선을 안내한다. 이 미술관은 부분적으로 땅 아래로 가라앉은 상태로, 선명한 지질학적 흔적을 남긴다. 우리가 미술관으로 들어가고자 한다면, 강물이 우리를 입구까지 데려다줄 것이다."

기법:
기본 이미지는 3차원 모델에서 렌더링 작업이 이루어졌으며, 포토샵을 활용하여 재질과 주변 환경을 표현하였다.

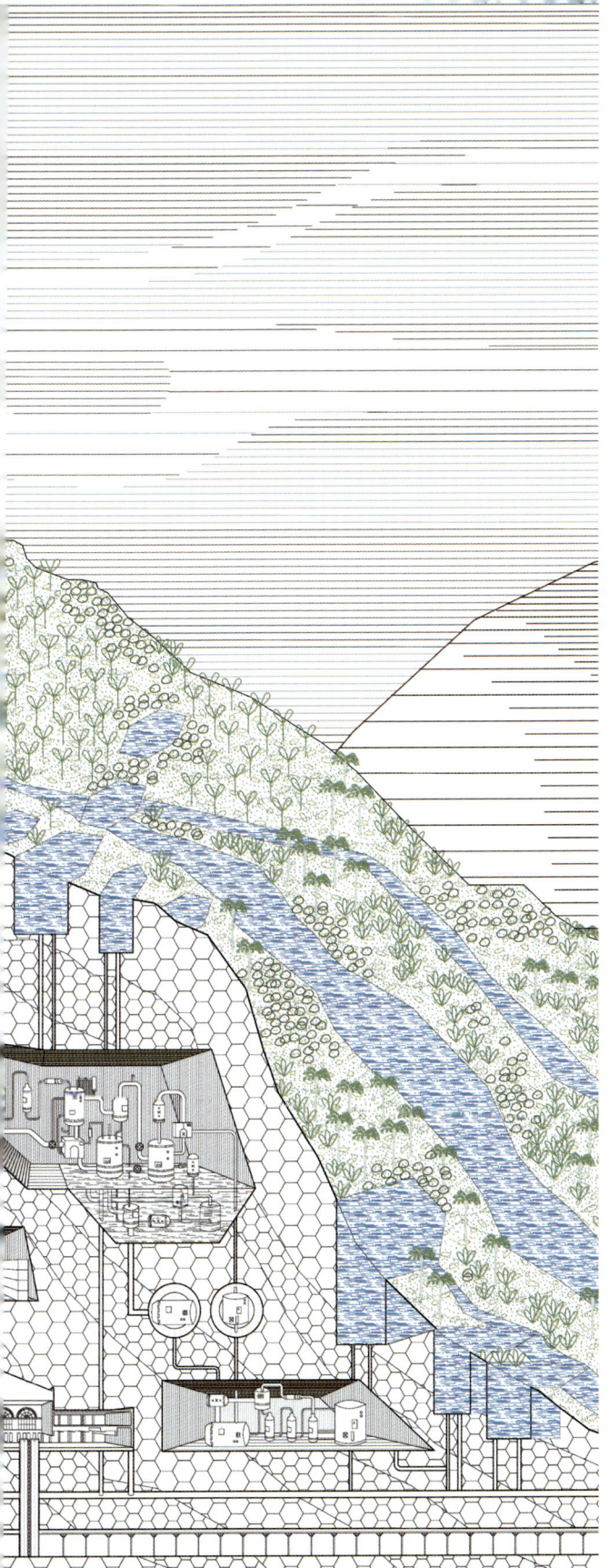

산의 배(The Belly of a Mountain)

디자인 어스(Design Earth)

투영 유형:
대지 단면도

설계:
"산의 배 프로젝트는 일련의 발굴된 동굴 내에 리우데자네이루의 확장 도시 물류를 조직함으로써 도시기반시설과 도시의 지리적인 특성을 끌어들인다. 이 프로젝트는 (비유적으로) 케이크를 소유하고 그것을 또한 먹고 싶어 하는 도시적인 욕구를 상징한다. 즉, 에너지 시설, 물류 구역, 매립지, 공동묘지, 정수장, 기타 산업시설 등을 산의 내부로 배치하여 활용하면서 슈가로프(Sugarloaf)와 코르코바도(Corcovado)의 자연 풍광 모두를 보존하고 있다."

기법:
선, 패턴, 해치 및 최소한의 색상 사용을 세심하게 제어함으로써 여러 축척의 복잡한 관계가 제시되었다.

카툰 메트로폴리스(Cartoonish Metropolis)

히메네즈 라이(Jimenez Lai)/스펙테큘러(Spectacular) 사무국

디자인:
카툰 메트로폴리스 단면은 모든 부조리와 가능한 현실 속에서 가상 세계로 이루어진 복합사회를 묘사한다.

설계:
이 건물은 그래픽 소설의 형태로서 무거운 검은 색의 포쉐(poche)는 무수한 자기 포함 세계로 둘러싸인 형태를 정의한다. 이 윤곽선 프레임 내에서 제한적이지만 굵은 색상의 팔레트가 작동하여 도면의 만화 같은 느낌을 강조한다.

그래픽 표본: 도움 준 사람들

아래에 열거된 도움을 준 사람들에 대해서는 건축사사무소의 임원이나 핵심 구성원들의 이름이 적혀 있다. 도면작업이 여러 사람의 손길을 거치는 것이 건축 실무에서 이루어지는 관행임을 참작하여 가능한 한 추가적인 도움을 준 구성원의 이름도 포함하고자 하였다.

Atelier Bow-Wow
Tokyo
Momoyo Kaijima
Yoshiharu Tsukamoto

Bureau Spectacular
Chicago
Jimenez Lai

CAMES/gibson
Chicago
Grant Gibson
Sarah Blankenbaker

Design Earth
Ann Arbor
Rania Ghosn
El Hadi Jazairy
Yu-Hsiang Lin
Dongye Liu
Jia Weng

Eureka Design
Hong Kong
Annette Chu
Wendy Hui

FAT
London
Sean Griffiths
Charles Holland
Sam Jacob

Implement
Columbus
Karen Lewis
Jason Kentner

LAMAS
Toronto
Wei-Han Vivian Lee
James Macgillivray

Lateral Office
Toronto
Lola Sheppard
Mason White

Lewis Tsurumaki Lewis
New York
David Lewis
Paul Lewis
Marc Tsurumaki

NHDM
New York
Nahyun Hwang
David Eugin Moon

William O'Brien Jr.
New York

Organization for Permanent Modernity
Brussels
Natalie Seys
Alexander d'Hooghe

Pinkcloud.DK
Brooklyn
Leon Lai
Eric Tan

Point Supreme Architects
Athens
Konstantinos Pantazis
Marianna Rentzou

Sean Lally/WEATHERS
Chicago

Stan Allen Architect
New York
Stan Allen

studioAPT
Ann Arbor
John McMorrough
Julia McMorrough
Isaac Howell
Caitlin Sylvain

Superunion Architects/ Powerhouse Company
Oslo
Johanne Borthne
Vilhelm Christensen

UrbanLab
Chicago
Sarah Dunn
Martin Felsen

Utile, Inc.
Boston
Tim Love
Mimi Love

WORKac
New York
Amale Andraos
Dan Wood

WW Architecture
Houston
Sarah Whiting
Ron Witte

Zago Architecture
Los Angeles
Andrew Zago
Laura Bouwman

이미지 출처

page 12: 'The Invention of Drawing' (Von der Heydt-Museum Wuppertal)

pages 134 & 135: Utile City (Utile, Inc.)

pages 136 & 137: Faliro Pier (Point Supreme Architects)

pages 138 & 139: Nora House (Atelier Bow-Wow)

pages 140 & 141: Totems (William O'Brien Jr.)

pages 142 & 143: Schiphol Research & Development Center (WW Architecture)

pages 144 & 145: Property with Properties (Zago Architecture)

pages 146 & 147: Nature City (WORKac)

pages 148 & 149: Underberg (LAMAS)

pages 150 & 151: Flask Factory (Eureka Design)

pages 152 & 153: Monument to Freedom and Equality (Stan Allen Architect)

pages 154 & 155: Islands and Piers (studioAPT)

pages 156 & 157: Flat-ish? (CAMES/gibson)

pages 158 & 159: Brakel Police Station (Organization for Permanent Modernity)

pages 160 & 161: Klaksvik City Center (Lateral Office)

pages 162 & 163: Estonian Academy of Arts (Sean Lally/WEATHERS)

pages 164 & 165: (No) Stop Marconi (NHDM)

pages 166 & 167: New Taipei City Museum of Art (Lewis Tsurumaki Lewis Architects)

pages 168 & 169: Project Inflatable (PINKCLOUD.DK)

pages 170 & 171: Heerlijkheid Hoogvliet (Sam Jacob/FAT)

pages 172 & 173: 110% Juice (Implement)

pages 174 & 175: Hennepin House (UrbanLab)

pages 176 & 177: Jøssingfjord Museum (Superunion Architects + Powerhouse Company)

pages 178 & 179: The Belly of a Mountain (Design Earth)

pages 180 & 181: Cartoonish Metropolis (Jimenez Lai)

나머지 이미지는 저자가 직접 제공하였다.

참고문헌

직접 적용에서부터 이론적 맥락에 이르기까지 그리고 미래에 관한 질문에 이르기까지, 건축에서 도면에 관한 연구물은 풍부하고 다양하다. 다음의 많은 참고문헌이 이 책에서의 내용을 직간접적으로 알렸다. 모두 건축 도면의 지속적인 사용, 적용 및 이해에 필요한 도움을 주었다.

르네상스

르네상스와 함께 강화된 의사소통을 통해 문화를 연결하려는 광범위한 욕구가 생겨났으며, 그 결과 예술·공학·건축도면·기하학 등의 주제에 대한 문장과 도면이 세심하게 보존되었다. 많은 학자에게 이 시기는 건축역사에 대한 우리의 현재 지식과 그 과정에서 도면의 역할에 대한 결정적인 출발점이 되었다.

비트루비우스(Vitruvius)
기원전 1세기에 처음 집필되었고, 1486년에 출판된 건축십서(The Ten Books on Architecture)

기원전 70~15
마르쿠스 비트루비우스 폴리오는 로마의 건축가이자 엔지니어였다. 그의 건축십서는 그라피아(계획), 오서그래피아(입면), 스케노그래피아(투시도)를 극찬했다.

레온 바티스타 알베르티(Leon Battista Alberti)
건축기술십서(1452)

1404~1472
이탈리아의 건축가, 화가, 언어학자인 그는 브루넬레스키(Brunellesch)의 원근법 재발견을 성문화하였다.

피에로 델라 프란체스카(Piero della Frabcesca)
회화의 원근법에 대하여(1482)

1415~1492
이탈리아의 화가이자 기하학자인 그의 작품들 외에도 그의 주목할 만한 그림들은 그리스도의 편모(1460)을 포함한다.

세바스티아노 셀리오(Sebastiano Serlio)
건축칠서(1537)

1475~1554
이탈리아 건축가로서, 고전주의 규범을 성문화하는 데 이바지하였고, 투시도 무대 세트에서 풍경(scaenographia)을 탐구하였다.

Ackerman, James S. and Wolfgang Jung, eds. *Conventions of Architectural Drawing: Representation and Misrepresentation*, Cambridge: Harvard University Press, 2000.

Akin, Ömer and Eleanor F. Weinel. *Representation and Architecture*, Silver Spring: Information Dynamics, Inc., 1982.

Allen, Stan. *Points + Lines: Diagrams and Projects for the City*, New York: Princeton Architectural Press, 1999.

Allen, Stan. *Practice: Architecture, Technique + Representation*, London: Routledge, 2009.

Banham, Reyner. *A Critic Writes: Essays by Reyner Banham*, Berkeley: University of California Press, 1996.

Bingham, Neil. *100 Years of Architectural Drawing: 1900–2000*, London: Laurence King, 2013.

Bretez, Louis. *The Practical Perspective for Architecture*, 1706.

Ching, Francis D.K. *Architectural Graphics*, Hoboken: John Wiley & Sons, 5th ed. 2009.

Ching, Francis D.K. *Architecture: Form, Space, and Order*, Hoboken: John Wiley & Sons, 3rd ed. 2007.

Ching, Francis D.K. and Steven Juroszek. *Design Drawing*, Hoboken: John Wiley & Sons, 2nd ed. 2013.

Dalley, Terence. *The Complete Guide to Illustration and Design: Techniques and Materials*, Secaucus: Chartwell Books, Inc., 1980.

Ellis, George. *Modern Technical Drawing*, London: BT Batsford, 1913.

Evans, Robin. *The Projective Cast, Architecture and Its Three Geometries*, Cambridge: The MIT Press, 2000.

Evans, Robin. *Translations from Drawing to Building and Other Essays*, Cambridge: The MIT Press, 1997.

Farish, William. "On Isometrical Perspective," in *Translations of the Cambridge Philosophical Society*, 1822.

Forseth, Kevin. *Graphics for Architecture*, New York: Van Nostrand Reinhold Co., 1980.

Guillerme, Jacques and Hélène Vérin. "The Archaeology of Section" in *Perspecta 25: The Yale Architectural Journal* (1989), pp. 226–257.

Hewitt, Mark. "Representational Forms and Modes of Conception: An Approach to the History of Architectural Drawing," in *Journal of Architectural Education*. Vol. 39, No. 2 (Winter, 1985), pp. 2–9.

Kuhn, Jehane R. "Documentation and Design in Early Perspective Drawing," in *Journal of the Warburg and Courtauld Institutes*, Vol. 53 (1990), pp. 114–132.

Laseau, Paul. *Architectural Representation Handbook: Traditional and Digital Techniques for Graphic Communication*, McGraw-Hill, 2000.

Le Corbusier. *Toward an Architecture*, Los Angeles: Getty Publications, 2007 (republication of 1924 original).

Maynard, Patrick. *Drawing Distinctions: The Varieties of Graphic Expression*, Ithaca: Cornell University Press, 2005.

Panofsky, Erwin. *Perspective as Symbolic Form*, Leipzig & Berlin: Vorträge der Bibliothek Warburg, 1927 (republished, Cambridge: The MIT Press, 1991).

Pehnt, Wolfgang. *Expressionist Architecture in Drawings*, New York: Van Nostrand Reinhold Company, 1985.

Perez-Gomez, Alberto and Louise Pelletier. *Architectural Representation and the Perspective Hinge*, Cambridge: MIT Press, 2000.

Porter, Tom and Bob Greenstreet. *Manual of Graphic Techniques 1*, New York: Charles Scribner's Sons, 1980.

Porter, Tom and Sue Goodman. *Manual of Graphic Techniques 2*, New York: Charles Scribner's Sons, 1982.

Ramsey, Charles George and Harold Reeve Sleeper. *Architectural Graphic Standards*, Hoboken, John Wiley & Sons, 11th ed. 2007.

Scolari, Massimo. *Hypnos*, New York: Rizzoli, 1987.

Scolari, Massimo. *Oblique Drawing: A History of Anti-Perspective*, Cambridge: The MIT Press, 2012.

Senseney, John R. *The Art of Building in the Classical World*. Cambridge University Press, 2011.

Shank Smith, Kendra. *Architects' Drawings: A Selection of Sketches by World Famous Architects through History*, Elsevier Architectural Press, 2005.

Turner, William Wirt. *Projection Drawing for Architects*, New York: Ronald Press Co., 1950.

White, Edward T. *Graphic Vocabulary for Architectural Presentation*, University of Arizona, 1972.

Wightwick, George. *Hints to Young Architects*, London: Crosby Lockwood and Co., 1880.

Yee, Rendow. *Architectural Drawing: A Visual Compendium of Types and Methods*, Hoboken: John Wiley & Sons, 2007.

감사의 말

『건축가를 위한 도면표현기법』 출판은 저에게 거의 일정한 드로잉 상태에 있을 수 있는 독특한 기회를 주었지만, 진정한 기쁨은 '그래픽 표본'에 등장하는 디자이너의 드로잉에 몰두하는 것에 있었습니다. 제작 과정에 대한 솔직한 묘사와 수준 높은 작품을 이 책에 실을 수 있도록 허락해준 배려에 대해 다음 분들에게 진심으로 감사의 말씀을 전합니다. Stan Allen, Amale Andraos, Sarah Blankenbaker, Johanne Borthne, Laura Bouwman, Vilhelm Christensen, Annette Chu, Alexander d'Hooghe, Sarah Dunn, Martin Felsen, Rania Ghosn, Grant Gibson, Wendy Hui, 황 나현, Sam Jacob, El Hadi Jazairy, Momoyo Kaijima, Jason Kentner, Jimenez Lai, Leon Lai, Sean Lally, Vivian Lee, David Lewis, Karen Lewis, Paul Lewis, Mimi Love, Tim Love, James Macgillivray, David Moon, Liam O'Brien, Konstantinos Pantazis, Marianna Rentzou, Natalie Seys, Lola Sheppard, Eric Tan, Yoshiharu Tsukamoto, Marc Tsurumaki, Mason White, Sarah Whiting, Ron Witte, Dan Wood, Andrew Zago.

Liz Momblanco, Rebecca Price, Sierra Gunnel-Kaag에게 그들의 귀중한 이미지 연구 전문지식과 통찰력에 감사를.

이 책의 185페이지의 내용이 보다 설득력 있고 능률적인 웅변으로 문제의 본질을 간파한 머리말을 써준 Bob Somol에게 감사와 환호를.

연구와 편집에서 격려 그리고 끊임없이 전문적이고 개인적인 풍요로움을 안겨준 존 맥모로 John McMorrough에게 깊은 감사의 말을 전합니다. 마지막으로 삶을 의미 있고 재미있게 그리고 지루하지 않게 지켜준 존John(남편)과 매튜Matthew(아들)와 월터Walter(아들)에게도 고맙다는 말을 전하고 싶습니다.

역자 후기

현대 건축의 거장으로 손꼽히는 르 꼬르뷔지에의 [프레시지옹]에 따르면, 그는 강연 도중에 스케치와 다이어그램 그리고 도면을 청중들 앞에서 직접 그려줌으로써 자신의 건축적 사고와 철학을 청중들에게 효과적으로 전달하였다. 이처럼 건축가는 자기 생각을 상대방에게 효과적으로 전달하고 제안하는 능력을 필수적으로 갖출 필요가 있다. 건축가는 텍스트와 더불어 무엇보다도 각종 도면을 매개로 의사소통을 수행하며, 건축가를 양성하는 교육기관에서도 도면 작성과 관련된 내용을 교육 과정의 기본적이고 중요한 부분으로 다루고 있다.

대학에서 학생들을 지도하면서 건축을 배우는 학생들을 위한 참고서적의 필요성을 느끼고 있었을 때, 『건축가를 위한 도면표현기법Drawing for Architects』을 발견하게 되었다. 무엇보다도 이 책의 가장 큰 특징은 건축을 배우기 시작하는 학생들이 기본적인 도면 작성 및 표현기법을 직관적으로 터득할 수 있도록 구성되어 있다는 점이다. 더불어 현재 활발하게 설계 실무를 수행하는 건축가들의 다양한 프로젝트의 설계 의도를 내러티브Narrative 형식으로 설명하고, 이에 대응하여 (주로 컴퓨터를 활용한) 표현기법을 비교적 상세히 밝혀두어 효과적으로 독자들의 이해를 돕고 있다.

본문 중 '역사로부터 살펴본 도면의 역사'에서 살펴본 바와 같이, 건축가가 제시하는 도면의 형식과 양식도 시대 배경과 상황에 따라 변모됨을 알 수 있다. 가령 기본적인 투영법 작성방법 및 특성은 변하지 않겠지만, 이를 응용하여 보다 호소력이 강하고 창의적인 프리젠테이션 기법으로 발전시키는 능력은 오롯이 건축가의 능력에 달려 있다고 할 수 있다. 따라서 이 책을 통해 건축을 배우는 학생들과 더불어 건축설계 실무에 종사하는 분들에게도 도전이 되고 참고할 만한 책이 되었으면 하는 기대를 한다.

비록 번역을 통한 출판 경험이 전무全無하였지만, 앞서 서술한 이 책의 가치와 유용성을 알게 되었기에, 도전해볼 만한 가치가 있다고 확신하여 주저하지 않고 번역 작업에 착수하였다. 될 수 있으면 문장을 짧게 만들었고, 긴 문단은 적절히 나누어 생각의 단위로 읽히도록 하는 것에 주안점을 두었다. 또한 우리 어법에 어울리지 않는 직역투의 문장은 최대한 지양하였다. 다만 역자의 한계로 인한 아쉬운 점이 분명히 있으리라 예상하며 이에 대해서는 독자들에게 깊은 양해를 사전에 구하는 바이다.

무엇보다 이 책을 통해 효과적인 도면 표현기법을 두고 고민하는 건축 전공 학생으로부터 실무건축가에 이르기까지 늘 곁에 두고 참고할 수 있는 책이 되기를 희망한다. 그리고 개인적으로도 이번 번역을 통해 다시 한번 도면 작성과 표현에 관한 기본적인 내용을 되새기게 된 나름 귀한 시간이었다. 마지막으로 이 책의 출판을 위해 물심양면으로 과정마다 애써주신 도서출판 씨아이알 관계자분들에게 진심으로 감사를 드린다.

2022년 1월
서해가 바라보이는 인천대 연구실에서
김진호

찾아보기

ㄱ

건물정보모델링 99, 126
건축기술십서 37
계획 설계 100
고립된 엑소노메트릭 54
공장 도면 103
기획 설계 100

ㄴ

내부 입면도 44
넙스 126
네이처 시티 147
노라Nora 주택 139

ㄷ

다이메트릭 도면 48
다이어그램 50
단면도 32
단면 투시도 84, 147
대지 단면도 169, 179
더블유더블유 아키텍쳐 143
더블유오알케이에이씨 147
데이브 히키 7
도면 7, 9
도면 세트 106
동료들 97
디자인 어스 179
디지털 모델링 99

ㄹ

라이노 7, 128
래스터 그래픽 126
레빗 7, 128
레온 바티스타 알베르티 37
레터럴 오피스 161
렌더링 103
로빈 에반스 13
로시 7
로지에 7
루이스 츄루마키 루이스Lewis Tsurumaki Lewis 167
르 코르뷔지에 8, 23

ㅁ

마시모 스콜라리 59
마야 129
마케팅 101
매체 102
면 103
모델(디지털) 126
모델(실물) 126
모델링 13
미국 관습 단위 110
미터 단위SI 111

ㅂ

배치도 29, 143
벡터 그래픽 127
벨기에 브라켈Brakel 경찰서 159
변형 빗각 투영 155
볼프강 펜트 97
부피 103
분해도 51
빗각 59
빗각 투영도 14, 60
빗각 투영법 17, 59

ㅅ

산의 배 179
샘 제이콥 171
선 102
선 두께 102
선 유형 102
선의 위계 105
설계 프로세스 100
섬들과 부두들 155
션 랠리Sean Lally/WEATHERS 163
소실점 1 73
소실점 2 72
수평면 39
쉬폴Schiphol 연구개발센터 143
슈퍼유니온 아키텍츠 177
스케치업 129
스탄 알랜 아키텍츠 153
스튜디오 에이피티 155
스트레오토미 103

시공감리 101
시공도면 102
시공도서 101
시방서 103
시야 74

ㅇ

아뜰리에 바우-와우 139
아이소메트릭 도면 48
앤드류 자고 133
어반랩 175
어윈 파노프스키 69
언더베르그 149
에스토니안Estonian 예술 아카데미 163
엑소노메트릭 46, 47, 135, 141, 153
엑소노메트릭 내러티브 149
엑소노메트릭과 평면도 175
엔투라지 88
엔투라지 축척 90
연필 104
오버 드로잉 167
오토캐드 128
와이어프레임 127
윌리엄 오브라이언 주니어 141
유레카 디자인 151
유타일 도시 135
유타일 주식회사 135
이미지 해상도 126
인디자인 129

인쇄 103
일러스트레이터 129
임플리먼트 173
입면 39
입면도 177
입면 및 단면 빗각 투영도 145
입면 빗각 60, 64
입면 빗각 투영도 63
입체측정법 103

ㅈ

자고 아키텍쳐 145
자유와 평등의 기념비 153
자크 기에르메와 헬렌 베랭 31
점 103
정면 39
정투영 14
정투영도 14, 16
정투영법 103
제도 102
제임스 애커먼 133
조감도 82
조감 엑소노메트릭 53
존 헤이덕 7
준공 도면 102
중간 설계 100
지붕 평면도 29
직교 103

ㅊ

천장 평면도 28
청사진 102
축척 112
출력 103
충첨도 57
측면 39

ㅋ

카발리어 투영법 60, 61
카툰 메트로폴리스 181
칼 프레드리히 쉰켈 13
캐비닛 투영법 60, 61
컨설턴트 97
콜라주 137
클라이언트 97
클라크스빅Klaksvik 시청 161

ㅌ

타이베이 신 시립예술관 167
테크니컬 펜 104
토템즈 141
투상도 14
투시도 14, 15, 71
투시도법 17, 69
투영projection 15, 103
투영도 14

투영법 14
트라이메트릭 도면 48
특징을 지닌 부동산 145

ㅍ

파라메트릭 디자인 126
파라메트릭 모델링 99
파워하우스 컴퍼니 177
팔리로Faliro 부두 137
평면 21, 23
평면 빗각 60
평면 빗각 투영도 62, 63
평면도 21, 25, 26
평평한 느낌? 157
포쉐Poché 103
포인트 슈프림Point Supreme 건축가 137
표준 종이 규격 108
포토샵 129
프로젝트 인플레터블Inflatable 169
플라스크Flask 공장 151
피터 아이젠만 7
핑크클리무스이케이PINKCLOUD.DK 169

ㅎ

헤네핀Hennepin 주택 175
화상면 16, 39, 72
확대 평면도 28
히메네즈 라이Jimenez Lai 181

C

CAMES/깁슨gibson 157

H

Heerlijkheid Hoogvliet 171

L

LAMAS(엘에이엠에이에스) 149

N

NHDM(엔에이치디엠) 165

O

OPMOrganization for Permanent Modernity 159

기호

1점 단면 투시도, 단면 상세 139
1점 조감도 83
1점 투시도 72, 76, 137, 165
2점 단면 투시도 167
2점 실내 투시도 151
2점 투시도 73, 78, 86, 157, 159, 161, 163, 171, 173
3점 조감도 82
3점 투시도 80
110% 주스 173

건축가를 위한 도면표현기법

초판인쇄	2022년 1월 21일
초판발행	2022년 1월 28일
저　　자	줄리아 맥모로우(Julia McMorrough)
역　　자	김진호
펴 낸 이	김성배
펴 낸 곳	도서출판 씨아이알
책임편집	박영지
디 자 인	윤현경, 김민영
제작책임	김문갑
등록번호	제2-3285호
등 록 일	2001년 3월 19일
주　　소	(04626) 서울특별시 중구 필동로8길 43(예장동 1-151)
전화번호	02-2275-8603(대표)
팩스번호	02-2265-9394
홈페이지	www.circom.co.kr
I S B N	979-11-6856-018-5 (93540)
정　　가	22,000원

ⓒ 이 책의 내용을 저작권자의 허가 없이 무단 전재하거나 복제할 경우 저작권법에 의해 처벌받을 수 있습니다.